懒惰脑科学

[法] 鲍里斯·薛瓦勒
(Boris Cheval)
[法] 马修·博伊斯冈蒂埃
(Matthieu Boisgontier)
著

付孟含
译

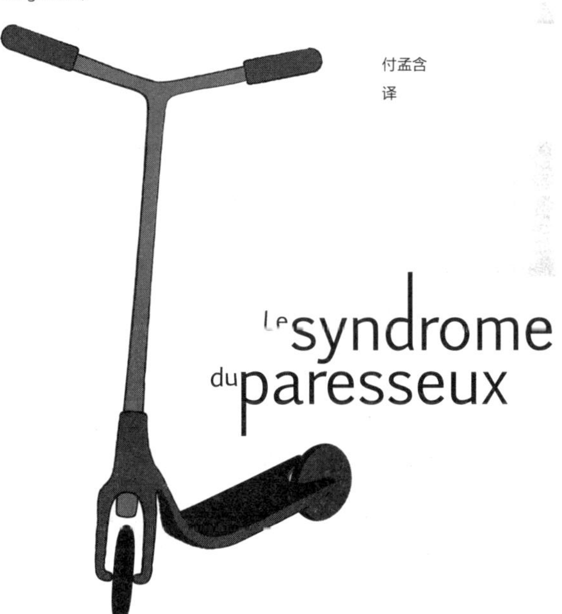

Le syndrome du paresseux

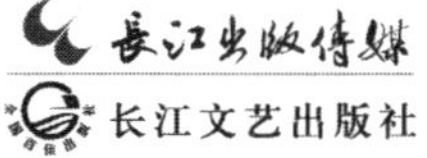

长江出版传媒
长江文艺出版社

目录

CONTENTS

引 言

假如有一天，有人告诉我们，我们的孩子们会成为某项科学研究的起因，而这项研究不仅会占用我们整个白天的工作时间，还会让我们在晚上不得空闲，甚至偶尔周末也不能休息。你能想象吗，这非但不让我们感到厌烦，反而让我们开心无比？

“偶遇”酒吧

在你深入阅读本书之前，请允许我们简单介绍一下自己：我们二人都是从事研究工作多年的研究员，而且在前不久都骄傲地荣升父亲。2010 年，我们在法国格勒诺布尔大学攻读博士学位，在此期间相识，之后就各奔东西。鲍里斯去了瑞士，马蒂厄则奔波于比利时和加拿大两地。然而，在一个少有的静谧夜晚，我们在格勒诺布尔的一家叫作“偶遇”的小酒吧意外重逢，相谈甚欢。其间，我们惊喜地发现，虽然相隔千里之遥，但是我们两人的周末早晨竟然出奇地相似。

偷懒的小孩!

周末总是伴随着孩子们忙乱的晨起开始。我们要花 15 分钟让孩子们穿好左脚的袜子，再花 10 分钟穿好另一只。想让他们穿好衣服，那就得再花上 20 多分钟。一个小时过后，大家终于都穿戴齐整，准备去公园了。温哥华公园和日内瓦公园离我们两家都只有百米左右，这段距离对小孩子来说虽然有点远，但还是能克服的。然而这些小演员们一出门就用精湛的演技开始了他们的表演，他们先是假装累了，眼巴巴地望着我们想要抱抱，而后装作受了伤，直到最后使出撒手锏——在地上打起了滚。作为家长的我们心里很清楚，他们这样做的目的只有一个：让大人抱着去公园。我们只好伸出双臂，把孩子背到背上，就这样一路背到公园。当我们满心骄傲地以为达到了周末早上的锻炼目标时，这些可怜的又“累”又“受了伤”的小朋友却一反刚才的状态，开始东跑西跳，爬上爬下。一个多小时过去了，他们依然精力充沛，生龙活虎，玩得不亦乐乎。

原因何在?

坐在小酒吧的露天座位上，面前摆着两杯气泡水，我们的职业病就发作了。我们不禁好奇，为什么孩子们明明能够精力充沛地玩上一个小时，却坚决不肯走几步路去公园呢?就在这次聚会快要结束时，我们俩有了初步的设想，而这个设想很快就成了我们的研究主题。首先，孩子们在公园里玩耍时，既能活动身体也能够收获快乐。而步行去公园，既不是一件趣事，也并非必要，因为爸爸们可以充当运送员。既然如此，孩子们何必还要浪费自己的精力走路去公园呢?最好还是别做无用功，养精蓄锐就好。我们坐在小酒吧里，开始思考,“省力”的想法是否早就已经植根于他们的大脑中了?正是由于对这个问题的思考，才有了我们后续的多个科学研究，这些研究成果最终都刊发在了国际著名的学术期刊上。然而，阅读严肃的科学文献对很多人来说并不是一件轻松愉快的事，所以我们决定撰写本书，以便与大家分享这些迷人的科研成果。

省力法则

这种省力的倾向还会发生在金发女郎身上。就拿鲍里斯的母亲来说，她和我们一样，为了找一个距离超市入口最近的车位，不惜在停车场里转上好几圈。即便如此，最后也只能找到距离超市入口三十多米的车位，而这还算是最幸运的情况。如果我们比较一下节省的路程和寻找车位所花费的时间,肯定会在看见第一个空位时就停车。再说说鲍里斯的妻子，她宁可在客厅里给丈夫打电话也不愿多走几步去书房当面说。第一次遇到这种情况时，鲍里斯马上来到客厅问妻子是不是出了什么事。但他的妻子却一脸吃惊地回答："没事，亲爱的，一切都很好！只是我正坐在沙发上用电脑，累了不想动。既然你过来了，能不能帮我倒杯水？我渴了。"没错，成年人为了省力所使用的技巧和我们的孩子完全相同。诸如此类的情况，其实数不胜数。比如，比起走楼梯，我们更喜欢乘电梯和扶梯。马蒂厄的父亲则更喜欢电动车库门、电动汽车门窗和电动自行车。总之，一切能让他省力的事物他都喜欢。而你为了避免步行可能已经买了电动平衡车。再来说说送货上门服务，我们只需在平板电脑上点几下或者敲敲键盘，就能一边看着喜欢的电视剧，一边等着送货上门了。坦诚地说，每当我们打算活动一下时，总是无法逃脱沙发的诱惑。只要往沙发上一躺，我们的内心斗争就开始了，极力想要离开沙发，又好像屁股被强力胶粘住了，整个人陷进坐垫无法自拔。如果你认为这种省力的倾向只会发生在长期久坐的人身上，那就大错特错了。就连体育运动员也会在运动过程中寻找省力的方法。正如我们常常对学生所说的：

十个人中有九个都喜欢躺在沙发上，剩下那个说不喜欢的人就是说谎！

伦敦，1953

问题在于，这种省力带来的后果并非无足轻重，缺乏身体活动可能导致死亡！相关科学研究最早可以追溯到1953年。在这项研究中，实验者对比了伦敦红色大巴车司机与检票员心血管疾病的患病率，结果显示：活跃的员工（检票员）患冠状动脉疾病的风险比不活跃的员工（司机）更低。此外，即使检票员患上该种疾病，病情也较轻，且患病时间较晚。同理，鲍里斯和他的科研团队证明了，步行送信的邮递员心脏病的患病概率大大低于长期久坐的接线员。如今，越来越多的研究都证明身体活动对健康的益处远超过任何一种药品，英国最著名的皇家医学院甚至将身体活动称为“灵药”。

看 1 小时电视 = 寿命缩短 22 分钟

澳大利亚的一项研究显示，我们每坐在沙发上看 1 小时电视，预期寿命就会缩短 22 分钟。看完整季《权力的游戏》（总时长超过 70 小时）相当于寿命缩短 25 小时。换句话说，不论是看电视、和朋友在咖啡馆闲聊、坐车，还是工作，我们坐着的时间越长，预期寿命缩短得越多。完成这本书需要 1000 多个小时的工作量，我们俩的寿命也相应减少了 22000 分钟，即 367 小时，也就是 15 天。希望你能注意到我们为此所做的付出，加强身体活动！

懒惰流行病

从 1953 年开始，就有证据显示缺乏运动的危害会越来越大。缺乏运动是现代人类第四大死亡风险，仅排在高血压、吸烟和糖尿病之后。20% 至 30% 的乳腺癌、结肠癌及心脏病都是由于缺乏锻炼引起的。据世界卫生组织调查，每年有

320 万人因缺乏运动而死亡。

每 10 秒钟，世界上就有一人因缺乏运动而死亡。

这些数字让人警醒。考虑到政府对健身项目的大量资金投入与大力宣传，我们会想当然地认为缺乏锻炼的问题得到了解决。然而实际情况并非如此，缺少运动的人越来越多。目前，世界上 1/5 的人口，即大约 14 亿人都处于懒惰的状态。欧洲人的运气也并不比其他国家的人好。欧盟委员会近日所做的一项研究表明，几乎 50% 的受访者从不进行体育锻炼。然而矛盾的是，当询问人们是否想要运动时，超过 90% 的人都给予了肯定的回答。这项结果引出了下面的问题：既然我们有运动的坚定意愿，为什么做不到定期锻炼呢？

运动悖论

我们曾经思考过，在懒惰成风的大背景下，是否能用“省力的倾向”来解释我们的运动悖论？人们总是乘电梯去健身房,而不肯走旁边的楼梯。很多人买了健身课却从来不去。不妨想想看，如果我们都能坚持运动一整年，而不是一个月就撤退，那健身房还会不会向我们提供大幅度的促销折扣?很多人的新年计划中总会出现“加强体育锻炼”这一项，但很少有人真正去执行。如果你觉得离开沙发去运动、去健身房健身难过综合格斗，不必担心，每个人都会经历这种心理斗争。

开始锻炼的第一步：理解原理

在本书中，我们的目的是帮助你理解操纵我们行为的无意识机制。如果你真的想要变得活跃，理解这种让我们无法离开沙发的隐蔽的内部机制，将会对你有帮助。

本书的第一章“一起骑马”通过科学研究解释了人类做出某种行为的原因，阐述了我们想要进行体育锻炼的意愿与不想运动的冲动之间的矛盾冲突。“身体活动大爆炸”这一章解释了为何我们的“表亲”大型猿类可以悠闲生活不需要太多运动，而我们却在不断进化中变得活跃。“久坐的吸引力”为我们展示了人类省力、保持体力的心态。“灾难配方”为我们阐明了为何省力会是现代社会的一大问题。“没错你可以”为那些难以开始运动的人而写，这一章会根据科学研究成果给出实际建议，以帮助你稳步达到锻炼的目标。“没有借口”这一章揭露了不做运动的借口，这些理由实在站不住脚。在结语中，我们回答了“人生来就注定懒惰吗？”这个问题。

预祝各位读者阅读愉快。

CHAPTER

一起骑马！

我们每个人身上都有理性和感性两面。

驯服马儿，强大骑士

试想在古罗马时期，一位骑士下定决心要翻过一座山，到达山那面的运动王国。为了尽快到达目的地，骑士选择直接爬山而非绕路。在他的号令下，马儿开始向前行进。突然，不知为何，马儿改变了方向。骑士拉紧缰绳想要驯服他的坐骑，但面对崎岖的山路，马儿根本不愿继续前行。在挣扎了一段时间后，骑士放弃了，顺着马儿的方向来到了一棵苹果树下。从这次失败经历中，骑士得到了三个关于出行的教训：首先，做好计划，绕过大山可能会提高到达目的地的概率；其次，减少诱惑，选择一条没有果树的路径会降低马儿偏离方向的概率；最后，保证对马儿的控制，如果骑士能够驯服自己的坐骑，他可能现在已经到达运动王国了。

这个有关骑士和马儿的比喻，灵感来源于德国萨尔大学心理学教授马尔特·弗里兹的一篇文章，文章描绘了我们大脑里的冲突。当我们的意图（骑士）与冲动（马儿）相违背时，虽然我们的意图是很清晰的：我们的骑士知道他想去哪（山的另一边），也知道如何去（爬山），但是，这些意图与满足当下欲望的冲动（吃苹果）相违背，我们偏离了最初的计划。这种无法抵御冲动、控制好自己意图（坐骑）的情况，每个人都经历过。

你是马儿还是大象？

为了证明冲动的力量，研究人员换用了一种更难控制的动物——大象，用以代替马儿。纽约大学社会心理学教授乔纳森·海德认为，只要大象头脑中没有别的欲望，我们就可以用食物引导它完成想做的事。可是大象要是想吃某些食物，我们别无他法，只得听从。这个实验结果的有趣之处就在于：我们的情绪可以随时占据理性的上风。换句话说，即使我们拥有改变行为的最佳理由，比如因为癌症切除部分肺部而决定戒烟，我们的“大象”也无法做出不同的决定。有关固执的大象，或者稍微温和的马儿的比喻，哪一个是正确的呢？对于这个问题的答案，科学家们仍有争议，但大家普遍认同的是：我们的冲动和情绪会使我们偏离个人的既定目标。你可以任意选择对应自己的动物：马儿，大象或者其他动物，只要它是最容易控制的动物就行（不过祖母家可爱的狗狗并不在这些选项中）。

两种想法，一个大脑

为了更好地了解意图与冲动之间的关系，科学家们建立了一个二元模型[①]，把解释我们行为的大脑机制分为两类：控制机制（理性的）和自动机制（冲动的）。控制机制对应行为中理性和有意识的那一部分（想要到达运动王国的骑士）。由于控制机制需要动用我们的认知资源[②]以便正确地评估所处情景，并做出相应的反应，它们运转的时间较长，耗能较大。例如，在被“体育运动有益健康”的宣传广告狂轰滥炸之后，我们也许会下定决心，要在月底之前锻炼一次。而自动机制与之相反，它对应的是我们行为的冲动和情绪化的那一部分（想要吃苹果的马儿）。我们下意识、凭直觉做出的反应就是来自这些快速且耗能少的，动用极少认知资源的自动过程。比如我们明明想去慢跑，却总是窝在沙发里不能动弹。

---

① 吕齐乌斯·安涅·塞涅卡（Lucius Annaeus Seneca，公元前 4 年－65 年）：古罗马时代著名哲学家、政治家。

② 认知是与知识有关的大脑进行的一系列过程，涉及记忆、语言、推理、学习、智慧、解决问题、做出决定、感知和注意。

这些控制机制和自动机制并非相互独立，而是相互作用的，它们或相互加强，或引发冲突。比如当我们想要运动一下的时候，“去跑步”这个想法本身就会让人感到疲惫。在这种情况下，两种机制相互抵触，我们的自控力就开始起作用了。自控力足够时，我们就能平息冲动，按照理性的目标作出行动（就像骑士驯服马儿一样）。反之，冲动占据上风，我们就会心安理得地继续坐在沙发上。

与膀胱毫无关联的“失控”

意图与冲动的斗争并不是什么新鲜事。希腊的哲学家们很早以前便使用“失控”（违背最佳判断的做法）这个词来描述这一现象。“失控现象”指的是我们并不会去做自己认为有益的事情。我们可以联想到无法控制、可能随时而来的尿意，即小便失禁。在意图与冲动不一致的时候，我们常常会做出不由自主的举动。就拿这位坐在咖啡馆露天座位上的年轻女士来说，几个小时前，她还下定决心要保持身材，现在却津津有味地品尝着芝士蛋糕。一个孩子可能会在家长转身的一瞬间狼吞虎咽地吃光一包棉花糖，还有那些发生过无保护性行为的青少年，虽然他们明知这样做会带来的风险，却依然控制不住自己的行为。想想那些购买了健身卡却从不去健身的人，还有即使去了也是乘电梯而不肯走楼梯的人。这样的例子简直数不胜数，比如刚刚做完肺部手术的病人又开始吸烟，赌鬼奔波 500 公里只为去唯一一家能够进入的赌场一“赌”为快。

明天我就去运动

当我们唤起理智来采取某种行动时，会权衡这一行动的可行性（我能做到吗）和自我意愿（我想做吗）。举一个具体的例子：你在候诊室等待医生时，恰好看到一本介绍体育锻炼有益身体健康的小册子，上面指出每周五天进行半小时的中等强度的锻炼，能达到良好的健身效果。在看病过程中，医生的建议也让你更加相信体育锻炼对健康有很多好处，并了解到运动能够显著降低日后心血管疾病的患病概率。于是当你走出候诊室时，倍受鼓舞，下定决心要去做运动。可最后还是——等明天……因为今天你感觉有点疲惫，而且已经下午五点了，你已经计划好去朋友家喝一杯。想必你已经懂了，即使我们有意采取一项新行动，也需要动用资源来做出改变。如果你累了或者想做别的事，那么下定的决心转化为实际行动的可能性就会像太阳下的雪一样迅速融化，消失不见。

正在记录中

在辛苦工作了一天后，我们的大脑资源已经枯竭，这样接力棒就来到自动系统了。自动化过程以联想记忆为基础，联想记忆可以将我们的感知与日常生活中的经历相关联。这种记忆将我们正在进行某项活动时的所听、所看、所感和所想记录在同一个文件中。当我们日后再次进行这项活动时，我们的大脑就会自动提取出这个文件，预估与这一行为相关的情感体验，并更新文件。举个例子，假设你决定去慢跑，在第一次跑步时，你的大脑会在记忆中建立与跑步这一行为相关的或积极（如所听的音乐）或消极的（疲惫或不适感）情感反应。跑得越多，这种关联重复得越多，大脑会在记忆中不断加强这种关联。换句话说，你越是享受跑步，大脑越能将跑步与“健康”这一概念联系起来。反之，如果你在跑步中体验到的负面情感越多，跑步与“不适”的关联就会越强。现在你也许能想象，“没有痛苦就没有收获”这句话，不仅不适用于体育锻炼和健康，而且还会阻碍我们的行动。

失去愉悦，毫无意义

一旦这些情感关联扎根在我们的大脑中，哪怕再细微的事物都会自动触发与行为相关联的情感反应。比如我们听到的音乐、去过的地方或者看到的物体，都能让我们回想起与之相关的物品或者曾经经历过的事情——运动鞋，跑步时循环播放的一首歌，甚至一个正在街上跑步的人。换言之，我们的大脑能够提取出存有编码数据的文件，根据情感反应的性质是积极还是消极，判断是否想要再次做出这一行为。这样看来，我们就像一个二元模型，当我们做出可控的理性行为，就意味着我们有意识地重复或避免了某些行为。不过在受到环境刺激时，我们同样会做出一些无意识的反应，这些反应能反映出我们的个人经历和遗传基因，以及当时的身体状况。我们的行为是控制机制与自动机制相互作用的最终结果。

“蟹肉棒效应”

为了说明大脑建立的关联机制和刚刚说到的储存在记忆中的文件，我们要讲一个关于蟹肉棒的小故事。你知道，这些加工制成的橘色的小棒有着螃蟹的味道。在鲍里斯还是学生的时候，他就很喜欢吃蟹肉棒——这是他的星期五盛宴。“星期五了，该吃蟹肉棒啦！”然而有一个星期五，他感觉有点恶心，没什么胃口，只吃了几根蟹肉棒，几分钟后，又全吐了出来。这一整晚，他几乎不停地奔波在卧室和卫生间之间。几天后，他的身体恢复了健康。转眼又到了星期五，他准备品尝自己的盛宴。但是当鲍里斯闻到蟹肉棒的第一缕香味时，他的肚子突然收缩起来，嗓子发紧，呼吸不畅。总之，他差点吐了出来。

这是为什么呢？因为他的大脑错误地把恶心的状态和蟹肉棒建立了联系。奇怪的是，鲍里斯清楚地知道蟹肉棒和呕吐毫无关联，因为最初的不适症状是在吃蟹肉棒几个小时前出现的。这件事距今已经十多年了，但鲍里斯再也不在星期五吃蟹肉棒，不仅如此，一周中的其他日子也不吃了。现在，他会利用“蟹肉棒效应”来使自己少吃某种食物：每当他感觉有点不舒服，就会吃一些想要戒掉的东西。但有一个建议，如果你打算用这种方法把最爱的咖啡店里的蓝莓玛芬蛋糕戒掉，请三思而后行。

误会

人类经历了数百万年的进化存活下来，我们的行为必然有一定的逻辑。但是人类的身体并非毫无缺陷，有时也会出现错误。比如我们的免疫系统会攻击体内健康的细胞，造成自身免疫疾病。蟹肉棒效应也差不多是同样的道理：我们的身体搞错了情况。呕吐是脑干[①]的一块区域为避免人体摄入有毒物质引发的行为。因为呕吐和食用蟹肉棒同时发生，鲍里斯的大脑产生了错觉，并在记忆中存储了错误的关联（蟹肉棒 = 呕吐）。这是一个误会，可怜的蟹肉棒在错误的时间出现在了错误的地点。我们的保护机制是无意识的，独立于我们的意愿之外，但它最大的功能就是降低我们误食有毒物质的风险。你不得不承认，这是一件好事。不幸的是，即使我们意识到身体搞错了，这种防卫机制依然会让人不受控制地产生恶心的感觉。

① 呕吐行为并非由内脏控制，而是由我们大脑脑干灰质的核心区域控制，即连接大脑与脊髓的神经结构。

长毛狗熊

自动反应机制能加快我们的反应速度，快速应对生活中的风险，无须在对周围环境做出整体评估后再行动。2017 年 8 月，马蒂厄回到了加拿大。这时正是暑假，马蒂厄要把路易斯和加宾从锁着的栅栏门上抱过去，让孩子们到楼下的院子里和大孩子们一起玩。有一次，马蒂厄正在帮妻子准备孩子们上幼儿园的东西，听到五岁的儿子在楼下院门的另一边大声地喊他。因为当时正忙，马蒂厄并没有立刻作出反应。几秒钟后，他又听到儿子的叫喊，这次声音更大，于是他决定出去看看情况。他发现加宾正盯着他，手指着他身后。马蒂厄赶紧朝着加宾指的方向望去，只见在他右边两步远的地方，有一只黑熊虎视眈眈地注视着他。在这种情况下，你的大脑根本不会去想别的，在一瞬间，你已经抓住孩子把他塞进门里面了。我们的大脑会在这种极端情况下采取下意识的冲动反应，日常生活中的例子比比皆是。比如，当你穿过人行道时，看到一辆闯红灯的汽车，你会下意识立刻停下脚步（这是多么的幸运），根本用不着思考。

狼蛛和杏仁体

控制自动反应的区域位于大脑深处，那里保存着人类进化过程中最古老的遗迹，比如杏仁体[①]（它对于情感的感知至关重要）。杏仁体位于海马回附近，而海马回决定着记忆。大脑的杏仁体与狼蛛毫无关系，和扁桃体也毫无关系[②]。但是，这两个杏仁形状的灰质小体能让我们快速地应对危险情况，比如当我们看到狼蛛向我们快速爬过来的时候。

FFF

我们的自动反应并不只有撒腿就跑。当我们感知到危险时，也有其他的选择。事实上，科学研究表明，在面临危险时，

---

① 法语中杏仁体写作 amygdale，该词由拉丁语而来，意思是杏仁。——译者注。

② 法语中杏仁体与狼蛛（mygale）和扁桃体（amygdale de la gorge）三个词拼写相似。——译者注。

我们会做出三种典型反应来增加存活概率。这三种反应被称作 3F：Fight，Flight，Freeze，也就是斗争，逃跑和站住不动。面对危险时，冲动系统会促使我们逃跑，或者与此相反，让我们吓得动弹不得。在这种情况下，人们的呼吸频率和心跳将加快，体温将升高，手心变湿，瞳孔扩大，身上开始冒汗。所有这些身体表现都是应激系统被激活，肾上腺素等荷尔蒙分泌的结果。激活应激系统的目的很明确：让我们的身体在一瞬间做好准备面对危险，同时增加我们（或我们的后代）的生存概率。

哇!

有时，我们的应激系统也会出错，在没有危险的时候被激活。试想你的孩子和你开玩笑，突然出现在你面前“哇”地大喊一声。这种玩笑的大喊算不上客观上的真正的威胁。但是，意料之外的叫喊声会激活我们的应激反应系统。有些人对这种情景的反应会非常强烈。比如，患有某些病症的人，如抑郁症或者焦虑症患者，或在童年时期经历过失去亲人，遭遇性虐待或者身体/情感上遭到忽视等创伤性事件的人，这些人的应激反应系统相对敏感。事实上，应激反应系统和免疫系统在我们童年时期的经历中不断发展和校准。经历过慢性应激的儿童会比其他儿童产生更多的氢化可的松（皮质醇，也叫作“应激激素”）。过多的氢化可的松会改变他们面临潜在威胁时的反应，并在神经系统中留下难以改变的痕迹。当他们长大成人后，一些对大多数人而言微不足道的事会被他们当作威胁。童年时期经历的慢性应激，不仅会逐渐削弱机体正常的应激反应能力，而且会扰乱免疫系统，危害健康（见下框）。

用力握住我的手，我会告诉你是否健康

临床医生们探索出了一些间接的、可以快速评估健康状况的方法，其中一种方法就是“肌肉力量测试”。比起测量血压，这种方法能更可靠地预测死亡风险。对于在童年时期经历过创伤性事件的人来说，不论他们的锻炼水平如何，是否吸烟或饮酒，他们肌肉力量提前变弱的可能性都更大。科学研究同样表明，童年时的心理经历对我们的生理系统起着决定性作用，并且会影响一生。假如有人告诉你，童年的不幸经历会提高一个人患心脏病、癌症和糖尿病的风险，你也许会感到惊讶。这并不被公众所知，却是事实。此外，世界卫生组织最近发布了一项问卷，是关于童年时期遭受的令人厌恶的经历，该问卷表明人们已经意识到了童年的心理创伤对健康和幸福有着长期的影响。

罪魁祸首：多巴胺

我们的行为之所以不受理性控制，是因为我们大脑中的某些神经元被刺激、激活，分泌出一种化学物质 $C_8H_{11}NO_2$，也就是人们所熟知的多巴胺。我们大脑中的神经细胞，也就是神经元之间，通过这种神经递质相互沟通。多巴胺被释放后，通过多米诺效应，激活其他的神经元，最终让人产生一种难以抗拒的，向诱惑（欲望）屈服的意愿，并且带给人心满意足的感觉（愉悦）。让我们花几秒钟想象一下，等待开饭的狗狗，你一定能想到它紧紧地盯着狗粮，摇动尾巴，目光兴奋，呼哧呼哧大口喘息的样子。当你面对着刚刚烤好的、吱吱响的多菲内奶油烤土豆时，你的多巴胺合成系统就像这只等待开饭的狗狗，浓香的味道让你回想起童年时外祖母烹饪的菜肴。接下来，你有两个选择：第一，吃光全部烤土豆——此时多巴胺会大量涌入；第二，等待半小时后你和朋友一起用餐——此时你的救世主自控力登场了。多亏了体内这个沉睡的超级英雄，你才得以按照自己的计划行事。

拔河比赛

在控制系统和自动系统的相互作用下，我们在体育锻炼或者懒散不动之间进行选择。有时，事情简单，两个系统携手共进，比如，当我们想要去运动，锻炼又和我们记忆中的积极情绪相关联时，两个系统便同向发力。有时却会很复杂，比如当我们坚定地想要去锻炼但是这个行为与消极情绪相关联，这时就由冲动与自控力间的关系来决定我们的行为了。拔河比赛能够形象地表明我们的控制系统和自动系统间的互动。试想两个系统各自拉着绳子的一端，拉得更紧的一方也就是获胜的一方。即便我们的理智最终战胜了冲动，这场对战也可能留下痕迹，因为我们可能已经用尽了自控力。如果我们突然遇到新的冲突，冲动占据上风的可能性会更高。

自我损耗

佛罗里达大学的心理学教授罗伊·鲍迈斯特最先提出了“自

控力如同肌肉”的观点。如果过度使用，不留恢复时间，我们的自控力就会枯竭，行为会越来越受冲动主导。比如临近考试，对于长时间集中精力复习的学生来说，这些学生容易冲动，常常过度吸烟，食用快餐和含糖饮料。从正处于戒烟期的吸烟者身上，我们也能观察到类似的现象，他们会倾向于食用更多的甜食。同样的道理，节食的人出轨的概率更大。我们可以向你坦白，写书让鲍里斯吃掉大量的咸黄油焦糖（布列塔尼人的基因所致），让马蒂厄吃掉大量的玛德莱纳小蛋糕和黑巧克力。总之，当我们自控力缺失，更容易禁不住日常诱惑。科学家们把这种自控力疲劳命名为“自我损耗”。

白熊

为了证明自我损耗的存在，罗伊·鲍迈斯特使用了清除想法的方式，他让学生不要去想一只白熊。因为要用自控力去清除被禁止的想法是一件难事，对于学生来说，不去想象一只白熊是很复杂的。你可以试试看，阅读下面的文字但不要去想一只白熊。这项研究的目的是检验人们在句子中使用词语的方式。根据这个目的，受试者被要求将自己的所想写在纸上。然而，一部分受试者被特意要求不要去想一只白熊，另一部分受试者则没有收到任何要求。六分钟后，进行实验的第二部分，即将字母异位构成新词的游戏。比如，如果展示的词是 Armée，那么异位构词的答案就是 Marée 或者 Ramée。对于 Arts，答案是 Rats, Star 或者 Tsar。这个任务并不是一项测试，受试者可以按照自己的意愿花足够长的时间思考答案，并在希望结束试验时敲响钟声。但是受试者不知道的是，这些异位构词游戏是没有答案的。也就是说，Armée 和 Arts 这种词可以进行异位构词，但是展示给参与者的词并不能进行异位构词。这项任务隐藏的目的是，测试受试者在面对失败时的毅力。最终，被要求不要想白熊的受试者比其他人更早地放弃了，他们的自控力损耗得更快。

罗宾·威廉姆斯

为了提高第一项研究结果的可信度，鲍迈斯特进行了另外一项实验。在这项实验中，他将异位构词游戏替换掉，要求受试者在观看罗宾·威廉姆斯的幽默节目《周六直播夜》时不要做出任何表情。具体来说，他们要绷着脸不能笑出来，就连弯弯嘴角也不可以，总之不能对着视频做出任何回应或者反应。这个实验的结果表明，被要求不去想白熊的受试者更难以隐藏自己的表情。

这两项实验的结果都与肌肉的比喻一致，自控力使用过度时，人们会出现疲惫感甚至彻底损耗。但是，肌肉能够通过锻炼得到强化，健美运动员就是依靠锻炼增肌的，那么我们能通过同样的办法增强自控力吗？尽管科学研究还未真正解决这一问题，但是目前已有一些研究团队在积极地寻求答案。

去他的！

科学家们也证实了“去他的效应”，在法语中可以翻译成“Et puis zut！”效应。就拿我们的友邻英国人的一月大戒酒（法语为 janvier sobre）来说吧。假设你已经做出了戒酒的这个决定，不幸的是，1 月 13 日在工作了一整天后，和嘲笑你戒酒的同事道别时，他提议一起去喝一杯来庆祝新年。你很疲惫，因为白天的工作已经让你过度使用了自控力。你放松了，绳子从理智手中滑走了。当第一杯啤酒下肚时，服务员一脸同情又恰到好处地问一句："再给你来一杯？促销时间很快就要结束了！"这下彻底没人拉绳子了，你的一月戒酒决定已经付之东流， 彻底泡汤了。然后你安慰自己："去他的！尽情享受今晚吧！"在酒吧待了几个小时后，你甚至连自己喝了多少啤酒也数不清了，你的戒酒被过度补偿了。

过度补偿

过度补偿在很多行为中都观察得到，比如稍一违背饮食目标，就开始难以自控地食用巧克力；一旦对伴侣不忠，就会去找更多的情人；在明知戒烟失败后，干脆抽掉整包的香烟；或者努力想成为素食主义者失败时，就过度食用肉类。这些现象都有一个共同点，那就是一旦定下的约定被打破，我们很容易破罐破摔。所以我们在这里有一个小小的建议：如果你希望改变自己的行为，就要确保自己制定的目标在合理的范围内。这或许能让你避免在 1 月 14 日伴着可怕的头疼醒来，完全忘记前一晚上发生的事。

意志坚定和心血来潮

面对压力时，我们每个人除了反应不同，个体的自控力也不同。我们都认识一个意志坚定的人，我们敬佩他能够实现长远目标，永远不会屈服于诱惑。而我们也认识这样一个人，他各种计划都完成不了，一点诱惑也经受不住，这个人完美地体现了奥斯卡·王尔德的那句名言：“摆脱诱惑的唯一方法，就是屈从于它。”就是这个人在每年新年伊始都会对你信誓旦旦地保证：“今年我一定要戒烟，少喝酒，每周至少运动三次！”这时，你会像鲍迈斯特实验里的受试者一样，努力不笑出来，以免让你的朋友感到不快，打破他美好的幻想。

总之,当局者迷,旁观者清,这个人的立志做事就是心血来潮。心理学上有一个最著名的实验就是为了评估自控力而设计的。

棉花糖

20 世纪 60 年代，斯坦福大学的心理学家沃尔特·米歇尔设计进行了一项棉花糖实验。在实验中，实验者将一块棉花糖放在一群孩子面前，并向他们说明如果能等待几分钟再吃掉，他们会得到第二块，然后让这群孩子独自面对棉花糖的诱惑。实验的目的当然不是折磨这些可怜的孩子，而是让他们处于一种两难困境。孩子们需要抵抗一时的诱惑，以期获得更多的奖励。在这种情况下，理性系统和自动系统向相反的方向拉绳子。理性系统（骑士）要求儿童继续等待，自动系统（马儿）则催促他赶快吃掉棉花糖。

随后，米歇尔和他的同事试图了解儿童在这项实验中的表现是否能预测他们以后的人生轨迹（见下框）。孩子们使用了独特的方法控制自己，比如，有些儿童避免注视棉花糖，有些儿童则会把糖藏在盘子下面，更冒险的会摸一摸、闻一闻、玩一玩，把它放进嘴里。甚至有一个小女孩咬掉了一小块，然后换个方式摆好，把棉花糖缺失的部分藏起来。不过你放心，无论有没有屈服于棉花糖的诱惑，所有的孩子在实验结束都收到了另一块棉花糖。嗯，好吃！

吃掉棉花糖，改变人生轨迹

米歇尔和他的同事追踪了这些儿童的生活轨迹。结果显示，成功通过测试的孩子在生活中有更好的表现——学术能力更佳，受教育水平更高，他们长大以后，出现吸毒成瘾、超重和离婚的概率更低。然而，最近的一项研究却与上述结论意见相悖，研究者指出相较于是否成功通过棉花糖测试，儿童的社会经济状况（如父母的收入与教育程度）更能解释他们的人生轨迹为何出现不同。

沙发的召唤

无论我们的意志是否足够坚定，都会有其他因素降低我们抵抗冲动的能力，比如劳累或者饥饿。试想，当你结束了一天的工作回到家，穿过客厅去阳台拿运动鞋的时候，沙发在向你招手，柔软的靠垫在呼唤着你。最终你屈服了，惬意地躺在了沙发上。毕竟在一天的劳碌过后，你值得一个小小的奖励！至于运动，你打算今晚晚些时候或者干脆明天再开始……

情绪状态

除了疲惫，情绪状态也是我们在管理冲动时需要考虑的一个因素。当我们情绪不稳定或者受到其他因素影响时，我们会变得更加脆弱，更容易向冲动屈服，违背我们认真设定好的规则和目标。比如，一个吸烟者与伴侣吵了架，或者与主管起了冲突，他的大脑应激系统就会被激活，从而感受到一股难以抑制的吸烟欲望。喜剧演员加德·艾尔马莱在一段脱口秀中形象地描述了这一现象：一个男人找借口和妻子吵架只是为了能够痛快地抽上一支烟。而如果你的伴侣决定离开你，你可能会萌生一股不可抗拒的冲动，只用吃冰激凌来缓解悲伤。

压力

神经科学家已经证明，当我们压力大，心情不好，处于悲伤、焦虑或者愤怒状态的时候，我们的大脑就会寻找补偿。于是，我们会大吃大喝或者报复性地购物。长期处在慢性压力中的人更有可能做出危害自身健康的行为，如酗酒、抽烟、吸毒或者无保护性行为。所有这些行为都有一个非常具体的目的：帮助我们恢复稳定、平和的情绪状态。

吃是应对压力的传统反应。压力会自动引起“迎战”或“逃跑”的回应，这与机体内释放的皮质醇（你应该记得，应激激素）有关。皮质醇会增加饥饿感，当我们在面临危险时（或者认为自己面临危险），我们的身体需要能量来有效地对抗风险。研究表明，当我们精神紧张时，更容易吃高脂食物和甜食。不幸的是，以这种方式进行补偿其实并不奏效，吃东西事实上会加重我们的紧张水平，而且会让我们变重！因此，我们建议你做一项体育锻炼，这是缓解压力的有效方式！

饥饿感和燕尾夹

当我们空腹去购物时，常常什么都想买，尤其会被高脂肪、高糖的食物吸引。饥饿促使我们食用高卡路里的食物，让我们在超市买更多的快餐食品。但是，让人意外的是，一项研究表明，饥饿不仅会让我们购买高卡路里的食物，还会让我们寻找食物以外的满足感，比如燕尾夹。著名期刊《美国科学院院报》刊登了一篇文章，其中参与者回答了有关燕尾夹的调查。一半参与者空腹前来，另一半则刚刚吃过蛋糕。在填写调查问卷时，他们被告知可以随意带走想要的燕尾夹，结果空腹组比非空腹组多拿走了70%的夹子。在研究人员看来，“我想要食物”的心理信息已经被简化为了“我想要”。

这个实验给我们的启发就是，如果你空腹购物，即使你不买食物，也会比预期花更多的钱。就好像饥饿触发了大脑的预警信号，促使你尽快改变这种状况。

无限的资源

一些科学家并不认同自控力像肌肉的比喻，他们认为自控力并非有限的资源。斯坦福大学的心理学教授卡罗尔·德韦克研究了信念在大脑中的作用，对于那些相信自己有自控力的人来说，“是否丧失自控力由我们的想法决定”。她的研究表明失去自控力的情况只会出现在那些相信自控力有限的人身上，而不会出现在那些相信自己的能力无限的人身上。德韦克还证明了改变这些信念就能对抗自我损耗。也就是说，如果我们说服自己具有无限的自控力，就真的会变成这样。不管怎样，这都是一个好消息！

需要还是想要

我们控制自身行为的原因或者动机决定着行动的效率。当我们决定做某个具体行为时，理由可能千差万别。比如我们决定去做运动，可能是因为能够体会到其中的快乐，也可能是为了自己的健康着想。除此之外，还有可能是因为我们的亲朋好友或者医生强烈建议我们多运动。虽然有关动机的心理学理论有诸多不同观点，但这些理论都将我们的原因或者动机划分为两大类：控制性和自主性。在第一种情况下，我们因外界压力（社会压力，医生带来的压力）做出某种行动，也就是说，我们需要这样做。第二种情况下，我们因感到快乐或者个人认为这一行动具有价值，即我们真正想要做这件事，而做出行动。基于控制性动机（需要）做出的行为常常与我们的冲动相悖，因此非常依赖我们的自控力。出于自主性动机做出的行为（想要）只需要很少的自控力，因为该行为与我们的冲动要求相近。

选择合适的方法

让病人、客户或者健身房的会员去跑步很简单，多给些压力，让他们产生负罪感，外加一些美丽的奖赏，比如优惠券、现金、礼物或者用夏天的完美身材来诱惑即可。只需要小小计谋，他们就会乖乖跑步了。不过这种情况并不会持续很久，他们不能长期坚持下来这个好习惯。随着时间的推移，压力、罪恶感和奖励都会通通消失，而他们也不再进行体育锻炼了。这个启示就是，当我们制定目标时，花时间好好想想做这件事的动因。行为的动机十分关键，会极大地影响我们达到长期目标的能力。让我们学着享受体育锻炼带来的快乐吧，因为运动是我们保持健康和幸福生活的关键。

胜利！

当你学会享受体育锻炼带来的快乐时，就几乎不用动用自控力了，它会自动进行。就像正在节食的人在自助选择甜点时会下意识选择苹果而不是巧克力慕斯。但是，如果我们问他更喜欢哪个口味时，毫无疑问他会选择巧克力慕斯。这种简单诱惑的出现会自动激活个体想要达到的健康目标。就像大脑已经准备好面对诱惑，并在保持健康的目标受到威胁时无意识地将其激活。在体育锻炼上也能观察到同样的过程。对于那些长期以来就很活跃的人来说，不动的诱惑，比如沙发和电梯，会激发体育锻炼的目标，他们的大脑已经慢慢地对不动的诱惑免疫了。

身体活动大爆炸

身体活动和健康是如何变得密不可分的?

热带地区的游艇

如果你想通过到动物园观察我们的“近亲”——活跃的猩猩们，来激发自己的体育锻炼兴趣，那可能就要失望了。曾任教于哈佛大学的人类学家郝尔曼·庞塞解释道：与退休后可以在热带地区游艇上休假的人类相比，黑猩猩过着完全不同的生活。在大自然中，黑猩猩黎明时分便开始活动，填饱肚子后简单梳理一下毛发，便找一个安静的地方小憩。它们会懒洋洋地在树上晒太阳，之后以水果为食饱餐一顿。大快朵颐之后，黑猩猩们或者与同伴交流感情，或者梳理自己的毛发，进入午休时间。直到下午五点左右，黑猩猩们的晚饭时间到了。这时候黑猩猩们不再慢慢悠悠了，因为吃过晚饭后，它们马上要找到一棵舒适的大树过夜。由此可见，黑猩猩的运动还是比较频繁的。

像猩猩一样懒惰

黑猩猩、红猩猩、倭黑猩猩、大猩猩都过着悠闲的生活。这些大型猿类每天有 4 到 6 小时的时间十分活跃。在这段时间内，它们最远活动 3000 米，爬高 100 米，而爬高所消耗的能量相当于跋涉 4500 米。可以说，大型猿类并不是高水平的运动员。但令人惊讶的是，如此少量的体力活动并不影响它们保持好的身材。圈养的红猩猩和大猩猩的体脂率平均在 14% 至 23%，黑猩猩则更低，约为 10%。这些数据代表什么呢？奥运会运动员的体脂率也不过如此。多么不公平！

不运动不会杀死猩猩

按照这个思路，只要整天吃香蕉、对着美味多汁的无花果发出兴奋的叫声、在树上睡觉，而且将一天中的大部分时间都用来睡觉，我们就可以达到参加奥运会的体格。但我们必须承认我们没有做过这样的实验，因为我们严重怀疑这种方法能够塑造出凯文·梅耶（法国田径运动员）那样体格的可能性。事实上，这种方式极大可能会损害我们的健康。即使我们与大型猿类有 97% 以上相同的 DNA，我们的生理构造也不能使我们完全适应它们那样的悠闲生活。对人类来说，久坐是要付出高昂代价的：糖尿病、高血压、肥胖症、肌肉骨骼疾病、癌症、心脑血管疾病，甚至是减少寿命。这些都不会发生在猿类身上，但是人类要依靠体力活动来保持身体的健康状态。那为什么我们需要主动去保持健康，而我们的近亲猿类却不需要呢？

双足行走

在发表于《科学美国人》杂志的一篇文章中，庞塞阐述了人类从何时开始运动以及人类开始运动的原因。在几百万年前，人类祖先就开始了运动。2000 年前后，一些古生物学家在非洲发现了 3 个距今 400 万至 700 万年的人种。科学家将这三个人种分别命名为乍得沙赫人、图根原人和地猿。为了确定这些人种与猿类不同，研究人员关注了一些解剖学细节。生物力学[①]分析表明，骨盆骨骼的改变使地猿能够完全直立，并省力行走。不过，他们的身体还是完美地适应了猿类最喜欢的移动模式，从一根树枝攀爬到另一根树枝，长长的手臂，弯曲的手指，抓钩一样的脚就是证明。这些物种虽然在解剖学上与猿类存在差异，能够直立，在坚硬的土地上更自如地移动，但是它们看起来并没有完全利用好这些优势。

南方古猿的进化特征

距今200万至400万年前，南方古猿几乎走遍了各个大陆。1974年，在埃塞俄比亚的哈达尔发现的露西就是著名的南方古猿。关于这个名字的由来，还有一个小故事。法国和美国考古队在清理遗骸时，正在听披头士乐队的《缀满钻石天空下的

① 生物力学是一门研究生物机体力学性质的学科，该学科的研究可用于研发和改良医用假体或优化运动表现。

露西》，于是就将其命名为露西。露西骨盆骨骼的位置表明南方古猿也是两足直立动物。但是，下肢的解剖结果表明其行走灵活度有所提高，在坚硬地面上停留的时间也有所增加。比如，能轻松抓紧树枝的抓钩一样的脚不见了，大脚趾也和其他的脚趾排齐了，她的双腿变得更长，腿部与全身的比例与现代人类相同。不过，手臂和手指变长，说明这一物种仍然在树上活动。混用这两种移动方式（在地面直立行走，在树上攀爬），使南方古猿既能够捡拾地上的块茎类食物，也能采摘树上的果子。庞塞说，他们的大部分时间都用来休息和消化食物，其间很少会进行锻炼。在这一进化阶段，身体活动还不是人类保持健康的必需品。

有弧度的身体

哈佛大学的人类学家丹尼尔·利伯曼和犹他大学的生物学家丹尼斯·布兰博认为，直立人的骨骼随着时间进化，这证明了人类越来越适应长距离移动。首先，当我们直立时，我们的骨骼是有弧度的，比如脊柱、大腿骨以及足弓，用来承受站立时重力带来的压力，并节省能量。我们的脚腕和跟腱拉长了，这将减少我们在行走和跑步时的能量消耗。这条长长的跟腱能让我们在奔跑时节省 50% 的能量。同样的，它也存在于大型哺乳动物或擅于长时间奔跑的动物身上，比如马、狗或袋鼠。但是，在大型猿类或者人类的祖先身上却并不存在。我们还在颈部进化出致密的纤维组织网，以便在移动时固定我们的头部。

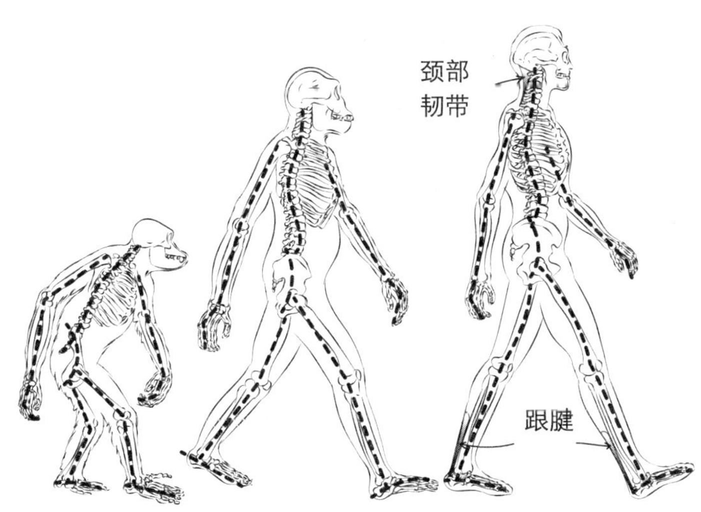

猎豹和铁人三项

有些动物天生就是短跑运动健将，比如猎豹，而人类则是各种耐力跑的冠军。猎豹奔跑 100 米只需不到 6 秒钟的时间，而对人类来说，就连当前的短跑世界纪录保持者尤赛恩·博尔特也要 9.58 秒——这速度在猎豹面前简直就像蜗牛一样。不过在长跑方面，猎豹比人类逊色得多，动物界没有任何物种比人类耐力更长。我们甚至设立了 150 公里的超级野外越野赛以及铁人三项赛事，参赛者需要连续完成 4 公里的游泳，180 公里的自行车以及 42.2 公里的马拉松。这种耐力是从祖先的狩猎和采摘等活动中继承下来的。

耗氧发动机

耐力是个体在长时间内保持一定体力的能力。消耗的力量越多，越容易感到疲劳。如果我们用最快的速度在田径赛道上奔跑，在跑完全程之前很快就会慢下来。如果我们强迫自己无论如何也要维持开始的速度，很可能会出现“蟹肉棒效应”。反之，如果我们放慢脚步，用只比散步稍快的速度跑，我们就能完成好几圈。不过，在肌肉感到疲惫之前我们会先因无聊而停下！实际上，我们的耐力水平由体内的 ATP① 数量和吸入的氧气量决定，这两者为我们产生能量。我们跑的速度越快，需要消耗的 ATP 和氧气量就越多。这和我们的汽车有点相似，试想你正在高速公路上以每小时 110 千米的速度行驶，当你意识到自己的约会要迟到了，你用力踩下油门，这时油耗就会加大。这和我们跑步时加速冲刺的道理完全一样。唯一不同的是，我们的发动机是肌肉，燃料是 ATP。跑步果真是最环保的交通方式！

最大摄氧量

显然，我们每个人的“发动机”状况并不相同。你最爱的

① ATP，三磷酸腺苷，为我们的新陈代谢提供所需的能量。细胞内的 ATP 通过水解作用分解为二磷酸腺苷（ADP）和磷酸盐。

雷诺 Clio，也叫 Titine，每百公里平均油耗为 5 到 6 升，而一台法拉利每百公里油耗要多 15 升，当然速度也更快。虽然大部分人的新陈代谢比不上法拉利，但是通过一些训练，我们至少可以做一台高端小轿车。我们耐力的最大值取决于机体每分钟将 ATP 转化为能量时所摄入的最大氧气量。

科学家们将这一氧气量摄入值称为“最大摄氧量”。这个值因人而异，并能够通过训练得到提高。当我们达到最大氧气量速度，也就是每分钟消耗最大氧气量时的速度时（世界冠军可达约 24 公里 / 每小时），我们的身体就会产生大量乳酸（或乳酸盐）（参见下框）。一些研究表明，血液中乳酸盐含量与疲惫感高度相关。因此，我们越接近最大摄氧量，对劳累的感知越强，维持耐力的能力也就越弱。

有氧供能，厌氧乳酸供能和厌氧非乳酸供能

当我们在运动时，身体会根据费力程度动用不同的能量部门。如果用汽车来打比方，那么我们的身体拥有三个不同特性的发动机，适用于不同场景（比如，用于一级方程式比赛，汽车拉力赛或者普通家用）。在运动时，第一个发动机——有氧发动机，用于长距离低速运动：有氧发动机利用氧气分解我们体内的糖类和脂质，从而提供能量。我们从口中呼出水和二氧化碳等废物，就像汽车的排气口排放尾气。耐力运动，马拉松或者骑行主要通过这种方式供能。第二个发动机——厌氧乳酸发动机，用于运动量大且强度较高时：利用糖类产生能量，但不需要氧气（厌氧）。这种供能方式会生成乳酸，进入我们的血液循环系统，最多能有效供能 2 分钟。跆拳道，柔道，体操或者 1 到 2 分钟的拳击等高强度团体运动项目就使用这种供能方式。最后，第三种发动机——厌氧非乳酸发动机，应用于时间短强度高的运动（7 到 20 秒）：使用磷酸肌酸来产生能量，不消耗氧气，且不产生乳酸。这种供能方式可以提供爆发力，比如启动汽车，或者使其瞬间提速。这种供能方式对于冲刺、跳跃或者面临威胁时的逃跑尤为有用。假如要我们为每种供能方式指定一个代言人的话，有氧供能的代表就是肯尼亚人埃鲁德·基普乔格（马拉松成绩为 1 小时 59 分 40 秒），厌氧乳酸供能的代表则是南非的韦德·范·尼克尔克（400 米成绩 43.04 秒），厌氧非乳酸供能的代表则是牙买加的尤赛恩·博尔特（100 米成绩 9.58 秒）。

线粒体这家伙！

人类的最大有氧速度之所以是黑猩猩的四倍之多，是因为下肢肌肉的构成比较特殊。这些肌肉比一般肌肉粗壮一半，而且慢肌纤维的比例非常高（慢肌纤维可以抵抗疲劳）。相反，大部分动物的肌肉纤维都是快肌纤维，不易抵抗疲劳，有利于快速奔跑但不能持久。哺乳动物中，快肌纤维占比最大的是猎豹的后肢肌肉。现在，我们更容易理解为什么猎豹会对尤赛恩·博尔特和其他百米赛跑运动员不屑一顾了。人类的小腿肌肉抗疲劳的能力是猴子的两到三倍。除了慢肌纤维，这些肌肉还含有丰富的线粒体，这些1微米左右大小的细胞器就像微小的能量发电站一样，正是线粒体负责将氧气和ATP转变为能量。回到汽车的比喻，线粒体就是肌肉的发动机。

汗液

虽然肌肉的尺寸和成分构成是耐力的重要参数，但这并不能阻止哺乳动物比我们跑得快。那么究竟是什么不可逾越的限制让人类在耐力这场比赛中一骑绝尘？一个极有可能的原因是，动物不能有效地给自己降低体温。你看到过哺乳动物大汗淋漓吗？没有。对于哺乳动物来说，避免因体温过高而死亡的唯一方法就是缩短用力时间。身为人类的我们则无须这样做，因为我们的皮肤上存在着200万到400万个汗腺，能够通过分泌汗液来调控体温。汗液可以冷却皮肤表面和表皮血管，从而降低体温。休息时，我们每天会排出0.5升到1升的汗液。但是在长时间高强度运动状态下，我们最多，听好了，能排出 8 升汗液！

伸舌头

在耐力赛中，我们的金牌竞争对手主要分为两类：有蹄类迁徙动物，比如马和角马；群居性肉食动物，如狗和鬣狗。这些动物并不通过流汗而是通过喘气降低体温。喘气散热的效率与排汗相差甚远，有点像高速网络出现之前的因特网，虽然总比没有网络好，但是仅仅加载一张图片就要等上好几分钟，加载一部电影则要等上几个星期。另外，喘气是通过快速且浅层的换气进行（呼气 / 吸气）的，但是在奔跑中并不总能喘气，因为有时需要深度换气以促进肺泡（呼吸道最末端的小囊泡）向毛细血管（我们身体内最细微的血管）输送氧气。另一种降低我们身体体温的方法，就是伸舌头。但这仍然远比不上我们的排汗系统。

气候来帮忙

非洲猎犬平均每天奔跑 10 公里，狼和鬣狗每天约奔跑 20 公里。数万人能在几个小时内跑完 42.2 公里的马拉松或者 100 公里以上的超级马拉松。爱斯基摩犬每天能跑 100 公里，但它们生活在北极或者阿拉斯加的其他地区。这些地区的极低气温使它们能够调节体温，但在温暖的条件下，它们就不能调节体温了。

人马大赛

你知道吗？这个世界有人和马的长跑比赛。假如要你为这些比赛下赌注，你觉得人会赢还是马会赢？你很可能会把所有积蓄都押在马身上，但实际上，这样一场比赛的结果其实并不确定。1979 年，一家威尔士酒吧的老板戈登·格林与朋友起了争执，因为他认为在耐力方面，人完全能够战胜马，这样的异想天开遭到了朋友们无情的嘲笑。第二年，为了证明自己的观点，格林创办了第一届“人与马”威尔士马拉松比赛。最初的24场比赛都证明他错了，马儿们毫无疑问地赢得了冠军。但是，在2004年尤为炎热的六月，他的设想终于得到了验证！休·洛伯赢得了比赛，创造了历史，他用2小时5分钟完成了35公里的总赛程，比最快的马儿快了3分钟。三年后，德国人弗洛里安·霍尔辛格也战胜马儿最终取得比赛胜利。

索托马约尔和跳高的猫

埃鲁德·基普乔格凭借他在42.2公里的马拉松中的优异表现打败了休·洛伯。2019年10月12日，在由41位陪跑员组成的陪跑队伍的配合下，这位34岁的肯尼亚奥运冠军用1小时59分40秒跑完了全程。这样看来，在长距离奔跑中，无论是猎豹、马儿还是猎犬，人类能够打败任何一种动物。不过，说到速度，我们就要保持低调了。就连你养的猫咪最快速度都能达到每小时50公里，没准它也会嘲笑你。而且，猫咪还能轻松地跳上你的书柜，对我们来说，这意味着要跳到一个3.05

米高的篮筐的高度，而这个高度就连处于两个三连冠辉煌时期的迈克尔·乔丹都远不能达到。1993 年 7 月 27 日，古巴的哈维尔·索托马约尔在西班牙的萨拉曼卡凭借 2.45 米高的成绩创造了世界跳高纪录。换句话说，无论是最快速度还是最大力量，人类的表现都远远低于很多动物。

直到猎物耗尽体力

为什么我们进化成了长跑选手呢？每当人类在食物链中晋升一个层次，我们的身体活动都会受到直接影响。我们不再满足于俯身捡拾食物，还要会追捕猎物。这种耐力跑的能力将我们与其他物种区别开来。在炎热的天气里追逐猎物，不给它们喘息的时间，耗尽它们的体力，最终用磨坚的石头或者棍子将其捕杀，这看起来像我们祖先的狩猎战术。其实，直到今天，这一战术仍存在于某些传统部落，比如来自纳米比亚和南非之间的卡拉哈里沙漠的布希曼族。布希曼人会以每小时 10 公里的速度奔跑几个小时来追赶猎物，直到这些动物的体力消耗殆尽。庞塞和他的两位人类学同事，大卫·里奇伦和布里安·伍德发现，在坦桑尼亚北部生活着靠狩猎采集为生的哈德扎人，他们每天的运动量比美国人一周的运动量还要大，是大型猿类的 3 至 5 倍。与哈德扎部落不同的是，尽管我们的祖先也是靠狩猎采集为生，但他们当时可能并没有发明弓、箭这些工具，因此活动量应该更大。据推算，他们每天的行程约为 15 公里，相当于 12000 到 18000 步，因此他们轻轻松松就能达到世界卫生组织建议的每天 10000 步的运动量。

聪明的大脑

身体活动不仅能锻炼我们的肌肉，也能锻炼我们的大脑。在动物身上进行的研究表明，运动能增加大脑中神经元的数量。因此，对于人类的耐力发展与脑容量的显著增加是同时进行的这一事实，我们不必感到吃惊。大脑的重量只占体重的 2%，却能消耗人体 20% 的能量。美国国家老龄化研究所的神经科学家马克·马特森认为，我们之所以拥有高级智慧，是因为我们的祖先必须记住狩猎过程中的复杂细节，比如识别地标，追踪线索甚至还要记住水源所在地。

《回到未来》

神经科学研究结果表明，身体活动通过神经可塑性，即通过改变脑灰质（信息加工工厂）和脑白质（连接这些工厂的通道）来改善大脑的能力。比如，身体活动可以促进海马区神经元的生长，而该大脑区域与记忆相关。经常进行跑步、快步走或者骑自行车等中等强度体育锻炼的人，具有更好的认知能力，如空间记忆能力（在空间中定位），陈述性记忆能力（通过语言对发生的事件进行表述），工作记忆能力（推理），以及更高的认知灵活度（从一项任务快速转向另一项任务的能力）。经常进行体育锻炼也能让我们的大脑变得年轻。有研究表明，我们越是活跃，大脑的生理年龄比实际年龄越小。

不必再苦苦寻找马蒂·迈克弗莱的时光机了，有你的运动鞋足矣！

跑者兴奋

尽管这可能让有些人感到惊讶，但我们的大脑确实将体育运动看作是一种奖赏。实际上，就如可卡因和海洛因等毒品一样，长时间的身体活动会激活我们大脑的奖赏系统。大约 200 万年前，靠狩猎采集为生的人类每天要走 15 公里。自然选择过程偏爱那些长时间付出体力的个体，这些个体在该过程中能够释放减轻疼痛、对抗焦虑和感受兴奋的激素。分泌激素的过程一直存在在我们这些现代人身上，并使得身体活动具有让人愉悦的特点和奖赏的性质。里奇伦证明了耐力运动能激活人体产生内源性大麻素的系统，该激素的分泌能引发一种快感，这种快感被称为“跑者兴奋”。身体活动可以对抗抑郁，常常被用作心理疾病干预治疗中的辅助措施。

运动上瘾和关节病

同所有的奖赏一样，身体活动也能让人上瘾。对运动上瘾的主要表现是，不考虑可能出现的危险后果，强迫自己参与各种形式的身体活动。虽然运动有数不清的积极作用，但运动上瘾通常会导致过度运动，不但影响我们的健康，而且会影响我们的社交，打破家庭和工作之间的平衡，当然身体也会受到损害。为了证明我们的观点，就拿身体活动对膝关节和髋关节的作用来说吧。适量的跑步会促进关节内部一种液体——滑液——的产生，滑液可以润滑关节表面，减少摩擦，从而使关节病发生的风险降低 7%。不过，相较于不跑步的人，每周跑步超过 100 公里的人患关节病的风险反而会增加 3%。如果你想了解自己是否对运动上瘾，你可以通过下面的测评来评估上瘾的程度（见下表）。

运动上瘾等级

下面这些选项涉及你每周（包括周末在内）进行体育锻炼的情况。你可以参照下面的量表，按照自身情况，选择最符合你的回答（1 到 6 六个等级）。尽管有些问题对你来说可能很接近，但仍需要回答。

1 2 3 4 5 6

从不 总是

1. 为了避免自己发怒，我会进行一项或多项体育运动。

2. 尽管有重复发作的身体疾病，我还是会去锻炼。

3. 我会不断地增加体育锻炼的强度以达到预期效果或获得希望得到的益处。

4. 我无法减少体育锻炼的时长。

5. 相比与家人或朋友在一起共度时光，我更喜欢进行这项（这些）体育运动。

6. 我会花费很多时间进行这项（这些）体育运动。

7. 我会花费比计划更多的时间去锻炼。

8. 我进行这项（这些）体育运动是为了避免自己产生焦虑。

9. 当我受伤时，我还是会进行这项（这些）体育运动。

10. 我会不断增加运动的频次以达到预期效果或获得希望得到的益处。

11. 我无法减少体育锻炼的频次。

12. 在我需要集中精力进行工作或学习时，我总会想着体育锻炼。

13. 我将几乎所有的空闲时间都花在这项（这些）体育运动上。

14. 我进行这项（这些）体育运动的时间比预计的要长。

15. 我进行一项或多项体育运动的目的是避免紧张。

16. 尽管身体有长期病痛，我还是会进行一项或多项体育运动。

17. 我会不断地增加锻炼的时长以达到预期效果

或获得希望得到的益处。

18. 我无法降低自己的锻炼强度。

19. 我进行这项（这些）体育锻炼是为了避免和家人或朋友在一起共度时光。

20. 我的大部分时间都会用来进行一项（多项）体育运动。

21. 我实际进行体育锻炼的时间比预计的要长。

上述量表从多个维度评测运动上瘾程度。你可以将总分取平均数来获得最终分数，得分越高，表明对身体活动的依赖度越高。如果你的分数接近或超过 4，你可以考虑调整锻炼方案，并与家人朋友进行商讨，以避免问题变得更加严重。

身体活动的基因

有研究表明，我们体育运动的水平一部分是由遗传基因决定的。英国一项针对 700 多对同卵双胞胎和异卵双胞胎的研究显示，异卵双胞胎（共享遗传基因的一半）比同卵双胞胎（几乎共享所有遗传基因）花在身体活动上的时间差异更大。研究人员以这些数据为基础，预测我们体育锻炼 47% 由遗传基因决定。另一项研究甚至认为，身体活动在现代人类也就是智人出现之前，即距今 21 万到 78.5 万年前，就刻在了我们的基因里。当时人类已经开始提高身体活动的水平。而在智人身上，与控制身体活动有关的基因发生了突变从而产生了特殊的遗传漂变[①]，并深深印刻在了我们的基因中。

维生素 C 缺乏病

在进化过程中，基因突变有时是有益的，但有时也会招致麻烦。为了证明这一点，让我们以维生素 C（也被称为 L- 抗坏血酸）为例。正如庞塞所说，原始的哺乳动物自身能够通过多个基因产生并合成这种重要的营养素。但是，大约 1000 万

① 遗传漂变是指由随机现象引起的物种进化，这种现象是由等位基因频率的变化引起的。

年前，我们的灵长类祖先对于富含维生素 C 的水果十分痴迷，因此无须自己合成这种维生素。于是，合成维生素 C 的最后一组关键基因就发生了突变。今天，灵长类动物如猿类和人类都无法再自己制造维生素 C，我们不得不通过食物进行补充。如果我们不这样做，就会患维生素 C 缺乏病，导致牙齿松动，牙龈化脓，出血，然后死亡。

鳃呼吸

突变引发问题的另一个例子是很多鲨类和鲭科鱼类的呼吸方式，比如鲭鱼和金枪鱼。最初，这些物种使用鳃部的肌肉进行呼吸，但后来慢慢地采用了更为主动的呼吸方式，以便能日夜在水中游弋。它们的呼吸不再动用任何肌肉，而是完全依靠自身的移动将水中含有的氧气吸入鳃中来保障呼吸。这种通过动物自身移动来运输氧气的方式被称为“鳃呼吸”。而这些原本用于呼吸的肌肉一旦变得没有用处，就会在进化过程中逐渐退化消失。这在一定程度上解释了为什么你在水族馆里从来都看不到大白鲨。因为大白鲨体形庞大，最长可达 6 米以上，且需要通过不停地游动来保障呼吸，因此这种动物很难被圈养在水族馆中。

用进废退

维生素 C 缺乏病和鳃呼吸是用进废退的两个例证。如果我们拥有某项能力却不去使用，长此以往，基因突变和偶然性因素就很可能使其消失。我们身体的肌肉和骨骼系统会因受力而发生改变就是一个例子。假如我们连续几个月每天都举重，我们的肌肉纤维密度会变得越来越大，肌肉收缩得更快更强。为了适应肌肉更剧烈的收缩，骨骼就会变形并强化海绵组织。肌肉量的增加同样会增加我们的静息能量消耗，因为即使肌肉不收缩，也要消耗能量。一千克肌肉在静息状态下每天大约消耗 12000 卡的热量。如果我们不使用肌肉，我们的机体就没有理由保留这么多大量消耗能量的肌肉。如果我们停止举重或者训练，我们的肌肉量就会像阳光下的雪一样快速消融，骨质量也会随之减少。延缓骨质疏松（因骨质流失导致骨骼脆弱，增加骨折风险的疾病）的最佳方法，就是锻炼我们的肌肉。

减肥减少能量消耗

消耗能量不只与肌肉有关，惰性的脂肪也会以间接的方式消耗能量，因为它增加了肌肉活动时需要移动的身体质量。这是一个重要参数，因为当我们减肥时，也会减少日常的能量消耗。为了补偿能量消耗的减少，避免体重反弹，我们需要增加运动量，或者继续节食。否则，你将体会到无数人曾经历过的“溜溜球效应”。

时长而非强度

在这一章中我们能记住的，就是我们的身体并不一定需要短时间大强度的体育锻炼，而是一定时长的中等强度运动。为此，要想增强身体健康，不可避免的就是有机会就走着去锻炼身体，骑自行车而不是乘机动车，走楼梯而不是坐电梯，选择不用久坐的娱乐活动等。这一章留给我们的启示是我们的身体就是为了轻松地保持这些日常身体活动而设计的。不过，既然我们天生就被设计成是活跃的，为什么想要变得活跃却如此困难呢？

CHAPTER

久坐的吸引力

谢尔顿：最近一份研究指出，哪怕你赖着不动，只要心中想着运动，就能给身体带来好处。指不定我现在就在运动呢。

拉杰：那你是吗？

谢尔顿：不，还是明天再想吧。

《生活大爆炸》，第九季，第五集

天生注定要运动

就如我们在前一章详细描述的一样，人类进化的目的就是变得活跃。我们的祖先与我们的近亲猿类不同，为了生存下来，它们只须每天运动数个小时，而人类必须定期进行身体活动才能保持健康。不过，对于我们的身体而言，这并不是什么问题，它早已准备好迎接这项挑战。我们的皮肤，肌肉，肌腱，骨骼甚至大脑都已经在长期的进化中变得适于运动。持续的运动能够释放出欣快的激素，这些激素就像毒品一样，能够带来愉悦感和奖赏。我们很高兴，似乎一切都向着更好的方向发展。可是，有件事似乎不太对劲，如果在某种程度上，我们天生就注定要运动，那为什么我们之中不运动的人如此之多呢？

每 10 秒钟就有 1 人死亡

近 20 多年来，在公共卫生政策指导下，国家通过各种宣传活动鼓励我们参加运动。但是依然有约 30% 的成年人运动不足，而且这个比例在欧洲各国不断上升，法国当然也不例外。虽然“多运动”能够排到新年计划榜的前五名，但是数据表明，在接下来的一年中不运动的人是大多数。世界卫生组织指出，每年有超过 300 万人由于缺乏运动而死亡，即每 10 秒钟就有 1 人死亡。最近 24 小时内死亡的 8640 人中，大部分都是因为选择了最省力的方法，而没有利用好机会来做运动。从这个意义上说，这些人和我们当中大部分乘电梯而不走楼梯的人没有什么区别。在一项涉及 45000 多个选择楼梯还是电梯的场景研究中，85% 的人都选择了电梯，选择走楼梯的人寥寥无几。但是这个故事还没有讲完，那就是如果我们是天生注定要运动而不懒惰，那为什么我们看不到那些走楼梯运动健身的人呢？

省力或者死亡

再想想周六早上在公园里玩耍的孩子们，他们在玩耍的时候和在去公园的路上完全是两个状态。通过进化，我们不仅变得更适合运动，而且还在进行每一项活动时都会试图减少能量消耗。这个功能就如我们以最小的成本达到目标一样，能够让我们的祖先跑得更远以捕食猎物，寻找水源，躲避捕食者或者在繁衍后代中打败竞争对手。换句话说就是，要么节省能量以保存体力，要么等待死亡。如果我们的祖先也有电梯或者跑步机，能用于爬山或者平静地追捕猎物，他们很可能也会选择这种省力的方式。如今，节省能量不再是一个有关生死存亡的问题，但是能量最小化的吸引力一直植根于我们的基因中。问题在于，当今社会人们缺乏运动，节省能量不但毫无作用，甚至对我们的健康有害。我们行动时会受省力原则的指导，可实际上我们已经患上重度懒惰症了。

软体动物、鹦鹉和树懒

在动物身上进行的多项研究表明，能量消耗最小化的倾向确实存在。通过研究对比数百种软体动物的新陈代谢情况，我们发现基础能量的消耗对于该物种的存活或灭绝起着根本作用，基础新陈代谢较低的物种有更多的机会存活下来。而对于我们的朋友鹦鹉，它虽然愿意耗费能量去抓捕食物，但会以最省力的方式去移动爪子。另一种和人类比较接近的哺乳动物在6400万年前就将省力原则发挥到了极致，这就是著名的树懒。它的长寿归功于微弱的基础能量消耗。实际上，在不冬眠的哺乳动物中，树懒是新陈代谢最低纪录的保持者。

省力做法的支持者

考古证据表明，我们的祖先在寻找制造工具的必要材料时，也遵循省力的原则。比如，我们的“表亲”——唯一能够直立行走征服世界的直立猿人——也表现出了懒惰的倾向。澳大利亚堪培拉大学的考古学家塞里·希普顿表示，研究人员发现曾居住在今天沙特阿拉伯某地的原始居民，坚持用住所附近的岩石，即使不远处就有质量更好的，这些原始人就是不愿意再往远处走一点。巴黎国家自然历史博物馆的史前考古学家克莱尔·盖拉德也认同省力法则一直指导着生物生活的方方面面。我们总在强调祖先的聪明智慧，但经常会忽略一点，这种智慧正是为了发明节省体力的技术而产生的。

久坐的冲动

不论是动物，我们的祖先，还是当代人类，都在不知不觉中被省力法则所吸引。为了证明这一点，鲍里斯在他的导师菲利普·萨拉兹的指导下进行了一项研究，用以说明人类久坐的冲动能战胜运动的意愿，这也许能说明为什么鼓励健身的宣传不足以改变我们的行为。在这项研究中，一组人员参与了有关运动建议的展示（30 分钟的日常锻炼，每周 5 天）；另一组，即控制组，参与了有关饮食建议的展示。为了测量久坐的冲动，他们需要用带有两个按键的键盘在屏幕上操控一个小人来完成任务。在实验中，一种情景是参与者需要以最快的速度操控这个小人远离代表久坐的图标，比如看电视，在吊床上休息，或者玩电子游戏等，而向代表运动的图标靠近，比如走路，游泳或者骑自行车等图标。另一种情景则完全相反，参与者需要操控这个小人远离表示运动的图标而向表示久坐的图标靠近。参与者将小人向表示久坐的图标移动得越快，久坐的冲动就越强烈。完成这项任务后，研究人员又用加速记录仪记录下所有参与者在一周中进行的体育运动情况。结果显示，接受运动建议的参与者比接受饮食建议的参与者的运动意愿更强烈。这是一个非常好的消息，我们可以看到运动建议对于激发运动意愿是有效的（见下表）。但是有运动的意愿并不意味着我们真的会去实施。事实上，并不是所有参与者都能将意愿成功地转化为行动，久坐冲动更强烈的人比其他人的表现更糟糕。换句话说，久坐的冲动战胜了运动的意愿。

回旋镖效应

提出鼓励运动的建议主要基于这样的假设：我们对体育锻炼态度的改变能够影响我们的行为。然而问题在于，研究已经证明，态度或意愿的改变并不一定会伴随行为的改变。意愿与行动是不同步的。有时，这些建议甚至会起完全相反的作用。比如，有研究表明在广告中直接插入提示信息是无效的：假设在广告中，伴随着动人的音乐，背景是美丽的乡间风景，我们向你展示一款外观精美，让一家人都满意的商品，突然，不知道从哪冒出来了一条文字，快速从你的屏幕下方滚动而过，用平和的语气写着：“为了你的健康，请每天至少食用5种果蔬”，“为了你的健康，请保持规律运动”，“为了你的健康，不要吃得太油腻、太甜或太咸”或者“为了你的健康，多动一动”。你认为这些建议有效吗？答案是无效。当广告中出现滚动的横幅字幕时，即使商品对健康有害，人们对该商品的认可度也会自动升高。另外，这些信息还降低了参与者在实验结束后选择健康的餐后甜点的可能性。换句话说，强加在广告中的公共卫生建议产生了回旋镖效应，使效果与预期正好相反。让我们的孩子避免受其影响的最佳做法，就是尽可能让他们不要看到这些广告。

运动和外骨骼

能量最小化的原则也体现在人们日常的步行中。试着想象下面的情景：一名研究人员让你站在跑步机上，除了提示不要摔倒，不做任何其他说明。跑步机启动了，你开始走起来。跑步机的速度慢慢增加，在某个时刻你跑了起来。虽然你不太清楚为什么自己从走过渡到了跑，但是研究人员可以解释其中的原因。当跑步机的速度达到 2 到 3 米每秒后，此时跑步能够减少运动消耗的能量。如果你继续走，消耗的能量将会远远超过跑步消耗的能量。当你跑起来时，你就将自己的能量消耗最小化了。加拿大的一项研究证实了人类倾向于通过固定下肢的运动结构来优化运动时的能量消耗。这一外骨骼在我们走路时对腿部施加或多或少的阻力，使得平常的走路消耗更多的能量。参与者很快就适应了阻力，并且自动将走路的频率调整到最节省能量的状态，即使只能节省很少的能量。最后，另外一项实验证明，我们步子的大小也是由能量消耗最小化原则决定的。我们的大脑会根据外界环境，如坡度情况，实时调整步子的大小。所有这些结果都从生物力学的角度上证明了我们具有无意识地将能量消耗最小化的倾向。

高效行走

幼儿学习走路是能量消耗最小化的另一个具体例证。学习走路，就是通过利用肌肉产生的能量使得能量消耗最小化的学习过程。最开始，你的小家伙摇摇晃晃，一步一顿。他抬起一条腿，身体却不太跟得上，常常会摔倒。几周过后，他将消耗能量的运动效率提高了。后来，他学会了更好地有意识地控制好身体重心，以避免摔倒。同时他也能更好地协调腿部与手臂的动作，让身体更加平衡。最后，他能够完美地控制行动中的力量，这让他能够更好地利用最小的能量来实现高效行走：没有（或几乎没有）能量损失，所有的能量都得到了利用。这就是真实的生活场景，面对困难时，你的孩子会以最有效的能量消耗最少的方式来学习走路，因此给他买一辆婴儿学步车不一定是学习走路的最佳选择。况且学步车也会有危险，有研究表明，学步车引发意外造成的伤害与交通意外事故的发生频率相当。

放在头上

当我们需要搬运重物时，又会是什么情况呢？将货物顶在头上运输在世界很多地区都很常见。在东非，常常能见到罗族和基库尤部落的女性将相当于体重70%的重物顶在头上运输。这是不是一个好办法呢？一项研究试图回答这个问题。研究者让这些女性双手、双脚和头上分别负上重物，在跑步机上走20分钟。结果毫无悬念，当然顶在头上是最省力的。与不负重的情况相比，头部负重行走需要花费1.2倍的能量，而手部或脚部负重会花费6.3倍的能量。另一项研究表明，这些女性头部可以携带高达体重20%的负载而不消耗任何额外的能量。为了挑战引力定律，这些妇女采取了一种特殊的方法将能量的利用最大化。

懒惰的遗传学

在上一章，对同卵双胞胎和异卵双胞胎的研究显示，我们的体育运动能力47%依靠遗传基因。但这只是故事的一部分，这项研究同样发现，我们的久坐行为31%是由遗传因素引起的。

该研究完美地解释了遗传因素对于两项完全相反行为的影响。另有一项专注于小鼠不运动行为的遗传因素研究。研究人员根据这些小鼠自发进行的运动量（每天的跑圈数量）将其进行了区分，最活跃的小鼠和最不活跃的小鼠被分为两组，研究人员研究了两组小鼠及它们的八代后代。结果发现随着代数的增加，活跃的一组小鼠的后代变得越来越活跃，而不活跃的一组小鼠的后代变得越来越不活跃。不活跃小鼠的第九代比活跃小鼠跑圈的时间少了 90%。这种运动的差异与伏隔核神经元成熟的差异性有关，而伏隔核是大脑中的一块区域，在奖赏系统和激活运动中起主要作用。这些小鼠的代际遗传基因影响着与运动相对应的奖赏水平，并且决定了小鼠每天跑圈的数量。上述结果可以证明，遗传因素决定了我们无法抵抗久坐的诱惑，或者说，阻止了我们想要去运动的想法。

大脑的原因?

在《运动医学》上发表的一篇文章中，我们提出了省力原则是有奖赏性的，因此我们会在无意中被久坐吸引。在第一个验证该假设的实验中，我们试图探寻久坐的诱惑是否由大脑的神经元产生。为此，我们让一些有运动意愿但不一定实施的成年人完成一项操控任务，他们需要将虚拟人物靠近或远离运动与久坐的图标。在参与者进行实验的过程中，我们能够通过放置在他们头部的 64 个电极读取并记录他们大脑产生的电波信号。正如所期待的结果一样，脑部信号显示，相比远离运动图标，大脑在远离久坐图标时感到更加困难。具体来说，对我们大脑电波信号的分析表明，为了开始一项体育运动，我们首先要控制并消除久坐的冲动。我们的大脑让我们抵抗久坐的诱惑，就像我们的肌肉和骨骼让我们抵抗地心引力一样。

预期效应

另一些研究人员试图弄清楚我们是如何管理精力的。巴黎脑部与脊髓研究所的研究员马蒂亚斯· 佩西格里昂带领的研究团队发现，大脑的脑岛和丘脑两个区域能够预估行为消耗的能量。这两个区域能帮助我们判断何时投入活动所用体力过多，这一最高体力水平由“预期效用”决定。如果我们让你用最大的力气握紧拳头并保持尽可能长的时间，直到最终松开，你的体力消耗会根据情境的改变而有所不同。事情越重要，你就越能突破极限。我们的大脑能够改变体力的阈值，自动延长消耗能量的时间。因此，不运动不仅与遗传学有关，还与情境有关。为了让你更加信服，让我们来看一看日内瓦大学心理学教授吉多·根多拉的研究成果。他通过心血管反应测试测量了受试者在完成一项认知任务时投入体力的水平，测试任务是计算类似于 4+5+9=18 这样简单的数学算式。研究人员重点关注心电图上血液从心脏泵出后到达血管之前的这一阶段的反应，因为这一阶段心脏的电波信号与完成任务时所耗用的体力有关。最终结果显示，当任务能够完成，且奖赏较大时，体力消耗得更多。换句话说，在根据具体情况调节体力时，我们的心脏和大脑是相互协调，步调一致的。

奖赏图片

佩西格里昂的另一项研究表明，我们会低估奖赏对体力消耗的影响。为了证实这一结论，他的团队将在屏幕上观看 1 秒钟（小奖赏）或者 3 秒钟（大奖赏）的图片作为奖赏。为了得到奖赏，受试者需要握紧记录肌肉力量的测力计。每次测试，受试者都可以选择是使用较小的力气获得 1 秒钟的图片展示，还是使用更大的力气获得 3 秒钟的图片展示。然后，他们需要对浏览过的 240 张图片一一进行评价，研究人员会根据他们的评价测量“图片的主观价值”。结果表明，受试者在使用体力时会有所犹豫，花费更多的时间用更大的力气获得更高等级的奖赏。

结果同时也证明了，得到更高的奖励需要花费的体力越多，选择低等级奖励的可能性就越大。更特别的是，为了能多看 2 秒钟图片，受试者会使用最高不超过 75% 的力量。也就是说，受试者愿意为观看图片而付出努力，但同时也不会花费过多的力气！

最后，受试者使用的力气越大，图片的主观价值越低，大脑使更高等级的奖励贬值了。脑成像的结果再次印证了这一结论，因为在使用更大的力气时，大脑中与奖赏系统有关的扣带状皮层和脑岛两个区域的活动有所减弱。因此对于我们的大脑来说，如果一项奖赏需要付出过多体力才能获得，那它对我们的吸引力就会减弱。

保持冷静，控制自己

如果我们的身体会不自觉地被久坐吸引，那如何解释有些人（比如马蒂厄，鲍里斯，以及看完本书的你）会选择走楼梯呢？想要回答这个问题，似乎还要从进化的角度来寻找答案。我们的祖先为了增加捕杀大型猎物的成功概率、躲避捕食者的攻击，治疗伤病，采取了群居的生活方式。为了使群居生活能够正常运转，每个成员需要学会共同生活，相互合作。这些社会技能促进了人类的生存，并通过自然选择的方式在进化过程中逐渐得到了加强。但是有了分工与合作，就必然要有控制力。

几个世纪以来，人类的大脑发展出了著名的认知资源，使其能够平复那些可能危害族群联系和生存的冲动。

致命弱点：前额叶皮层

大脑中负责自控力的区域是前额叶皮层。几千年来，我们的自控力神经元就聚集在眼球后方的这片大脑区域。在进化过程中，该皮层所占体积变得越来越大，这可能与其使用频率的增加以及与大脑其他区域建立联系的数量增多有关。前额叶皮层在认知功能（比如语言、记忆、推理、社交功能甚至抑制冲动）中起着关键性的作用，最后一点非常重要！正是因为前额叶皮层，我们才能抵制久坐的诱惑并改变懒惰行为。举例来说，该区域的成熟可以使儿童逐渐学会抵御诱惑。对于一个小孩子来说，有些行为是很难做到的，比如不要立即吃掉棉花糖，不要吃光一整包糖果，不要立刻花掉刚拿到的 2 欧元，或者等到圣诞节早上再打开礼物，这是完全正常的。孩子们生活在当下，并寻找即时的满足。因为他们还没有完全拥有自控力，管理当下的欲望对他们来说简直是天大的困难。不过，随着时间的推移，前额叶皮层会逐渐发育，让儿童能够在生活中不仅仅追求即刻的愉悦，因为这些愉悦感长期来看也并不都是好事。人类根据中长期目标采取相应行动的能力是逐渐获得的，这片区域让我们能够控制我们的行为，下面这件真实的历史事件会为我们清晰地阐释。

《行尸走肉》

如果你是丧尸系列电视剧的剧迷，这一段就是你的最爱，准备好爆米花吧！但如果你对血腥的内容感到不适，那么最好不要阅读下面的内容。我们要向你讲述的奇闻完美地展示了失去前额叶皮层的人将会变成什么样子。故事发生在 1848 年的 9 月 13 日，在美国佛蒙特州卡文迪许郊区，菲尼亚斯·盖奇正在修建一条连接拉特兰市与伯灵顿市的铁路。当他正要向岩石孔洞中装填炸药时，忘了在上面覆盖上一层沙土。结果就是，当他用撬棍夯实火药时，火星点燃并引爆了炸药，爆炸产生的冲击力使铁棍从颧骨进入，头顶穿出，穿透了他的大脑。你能够想象，在颧骨和头顶之间，就有我们刚刚说到的眼球后方那部分大脑区域（也就是前额叶皮层）。后来人们在距离爆炸点30米远的地方发现了盖奇，可想而知，当时的爆炸力有多强。然而尽管这次意外十分严重，盖奇还是活了下来，而且运气丝毫不比《行尸走肉》中的主人公差，就在意外发生几分钟后，他又能重新行走了。随后，他坐着牛车被送回了家，我们给你留下几分钟的时间来想象一下当时的场景。

前额叶综合征

当地的医生约翰·马丁·哈洛对菲尼亚斯·盖奇进行了医治，医生试图将他头部的碎片复原，并重新缝合伤口。医生的努力算是没有白费，因为意外发生的10个星期后，盖奇重新恢复了体力，回到了原来的生活。不过他的生活并没有变得完全正常。实际上，盖奇并没有任何运动或智力上的问题，但他身上却发生了一些变化。在一份事故报告中，哈洛医生注意到，盖奇以前是一个勤劳可靠又负责的人。在工友们的描述中，他原来是一个精力充沛、坚持不懈的人。但是，意外发生后，他的行为彻底改变了。哈洛医生的记录如下：

“他的智力和动物本能之间的平衡好像被打破了。他变得脾气暴躁，鲁莽无礼，有时会使用十分粗鄙的言语，对于同事毫不尊重，不能忍受任何与他的想法相反的约束和建议，有时固执得可怕，有时又很任性，整个人阴晴不定。在智力和行为上不成熟的表现让他成了一个鲁莽的，如同动物一样没有自控力的人。”

哈洛医生描述的症状后来被命名为“前额叶综合征”，较为准确地描述了失去自控力的人的表现，即不能接受与其原始欲望和本能相反的约束。当盖奇的前额叶皮层被撬棍损伤后，就完全丧失了对行为的控制力。这个故事给我们的启示就是，你没有像这个可怜的人一样经历这种不幸，你的前额叶皮层完好无损，并且能够帮助你抵抗冲动，那么请你好好利用吧！

控制自己去运动

现在，你对自控力的了解更多了一些，那么让我们看看为什么一根不幸穿过你头部的撬棍能阻止你去运动吧。当我们悠闲地躺在沙发上休息时，是由于我们的前额叶皮层被激活，才使我们站起身，穿好运动鞋。运动就是拒绝掉入久坐的诱惑陷阱，就是按下启动按钮，激活我们的前额叶皮层，来对抗久坐的吸引力。这就是我们的另一个假设。为了对此进行验证，我们进行了一项针对 50 至 95 岁人群的研究，涉及居住在欧洲 20 多个国家的 10 万余名参与者。这项研究的结果表明，参与者的认知资源与运动水平密切相关。认知资源越多，运动水平越高，而且这种结论在老年人身上尤为明显。因此，我们的大脑是决定运动水平的一个重要因素。

蛋还是鸡?

然而，相关性并不能说明两个变量间的因果关系（见下框），比如我们现在所说的认知资源与体育运动。那么，依你之见，该怎样解读这种关系呢？我们已经向你解释过，体育运动会促进荷尔蒙的分泌，能够止痛，抗焦虑，甚至带来愉悦感。这些荷尔蒙的分泌对于大脑是有益的，由此吸引了众多的研究人员对体育运动给予认知资源的积极效果进行研究，而有关认知资源对体育运动影响的研究却屈指可数。作为优秀的研究人员，我们想要通过确定二者的因果关系来填补这项空白。是运动的减少导致认知的衰退，还是认知的衰退使运动减少呢？数据模型结果对第二个假设有利，即更有可能是认知能力影响体育运动。研究结果与我们的假设完全一致，我们的认知资源，也就是自控力，能让我们对抗省力原则，从而提高运动水平。

假性相关

相关性就是两个变量的数值一起变化，一个变量增加，另一个也增加（正相关的情况），或者减少（负相关的情况）。当两个变量之间存在关联时，我们的大脑倾向于寻找变量间的因果关系。但是，在绝大多数情况下，变量之间可能会共同变化，但并没有什么联系。这就是我们所说的虚假关联或者假性相关。你可以在虚假相关（spurious correlation）网站（www.tylervigen.com/spuriouscorrelations）上浏览到具体的例子。例如，你会看到1999年至2009年间，游泳池溺水死亡的人数与尼古拉斯·凯奇在电影中出现的次数具有强烈的相关性，但是这两个变量之间很明显没有因果关系。这是个很明显的例子，但有时关系并不如此明显。所以，要明白两个变量之间实际有没有关系并不容易。下次有人和你说变量 X 增加，变量 Y 也增加时，一定要问问自己：X 与 Y 真的相关联吗？还是这个人只是想向我推销虚假的关联？

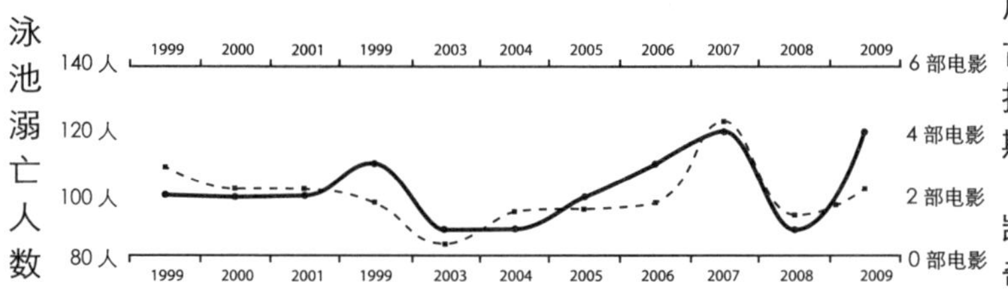

地铁里的田径跑道

在另一项涉及 20000 余名参与者的研究中，我们也证明了认知资源能够限制或促进不良环境对运动的影响，比如居住在不安全的区域，或者居住地附近没有步行即可到达的商铺。这项结果证实了认知能力的关键作用，但也证明了城市的设施齐备能够让运动更加轻松地实现。城市设施健全可以增加运动的可能性，对抗久坐对我们健康造成的危害，并在某种程度上让人们的生活重新变得平衡。更详细地说，为了解决懒惰综合征的问题，要提出一个提高运动质量和时间的办法，尤其是要在城市中提高这些运动设施的可见度。比如，SuperVitus305 团队的设计师和格勒诺布尔大都会就设置了丰富多彩的服务区，自行车运动员可以不必下车就能查阅地图，或者使用自助服务区的气泵给车胎充气。另一个例子是汉堡市将地铁站的楼梯改装成了田径跑道的样子，这让红色楼梯旁边的灰色电动扶梯显得了无生气，毫无吸引力。

良性循环

好消息是，我们越是激活前额叶皮层去做运动，对环境的依赖就越少，越不容易被诱惑。在某个时刻，这种激活变得非常容易，而且会自动进行。首先，荷尔蒙开始起作用，让运动变得愉快而且带有奖赏性。但是荷尔蒙起到的作用不足以让我们的肌肉系统和心肺系统抵抗在这一阶段发力时感受到的困难。不过只须稍加训练，这些系统就能适应，需要消耗的能量也会减少，使得荷尔蒙的分泌重新占据上风。内啡肽，多巴胺，血清素和其他去甲肾上腺激素激活了奖赏机制，激发欲望让人们重复进行这项能够带来愉悦感的活动，运动就这样成了一种对自身的褒奖。运动得越多，我们的机体就越想运动。当你达到体育运动的良性循环时，尽情享受吧，你值得这一切！但也要注意，有时候运动过度可能让你不断重复锻炼行为，你就会上瘾！持续性的懒惰和运动上瘾都是两个极端。在这种情况下，我们的大脑需要重新控制住冲动，以避免走入极端。

CHAPTER

灾难配方

现代环境和久坐的吸引力。

懒惰的生活

早上 7 时 15 分——在闹钟响了两次之后，他终于从柔软的床上起身，不过他并没有立刻起床，而是先用手机上最新的应用软件远程打开咖啡机，随后站起来走去浴室。他边走边按下中央遥控器，打开了电动百叶窗。快速洗漱完毕后，他走进厨房，随手拿起一包麦片倒进碗里，冲入牛奶，左手端碗，右手端着咖啡杯，走了两米来到了餐桌前。呼！终于到达目的地了，他坐了下来尽情享用自己的早餐，闪电般地将其一扫而光。填饱了肚子，他把餐具塞进洗碗机，并用食指熟练地按下了启动键。

7 时 45 分——他用电动牙刷刷完牙，穿好了衣服，终于准备出门了。他按下车钥匙把车门打开，随手用遥控器打开了自动车库的门，然后一路向 5 公里外的办公室狂飙。

8 时 15 分——到了公司的停车场。上班路上他用了 30 分钟，时间有点长，都怪早上堵车。他很聪明，想在大楼入口处找一个理想的停车位，但他的同事已经把所有的好位置都占了。在停车场里转了几圈后，他不得不选择一个稍远些的车位。真是不幸：他不得不从入口处往里多走 50 米。一进办公楼，他就按下了电梯按钮，目的地：2 层。

8 时 40 分——在和同事打了招呼，简单地聊了聊周末在视频网站上看的最新热门剧后，他坐到了自己的电脑前。经过 1 小时 50 分钟的辛苦工作，他迎来了两个好消息：一个是茶歇时间到了；另一个是办公室装了一台新的咖啡机。这样就不用走到 40 米外的走廊尽头用公用咖啡机了。我们的打工者鼓起勇气站起身，拿起桌上的一颗咖啡胶囊，走到 2 米外的咖啡机旁，倒进去，焦急地站在一旁等着咖啡流出来。在杯子即将盛满的最后一刻，他端起杯子走回工位，上午最后一小时的工作开始了。

12 时——午饭时间到了。和我们的祖先不同，他不必拿着长矛或者刀子穿过整座城市去捕猎。他只须到一楼的自助餐厅，虽然这里的食物并不惊艳，但能节省很多时间，尤其是能达到轻松填饱肚子的目的。当然，除非他想要和同事争抢都看中的最后一份巧克力慕斯。不过，一个简单的眼神示意或者几句友好的交流足够平息这场冲突。不管怎样，这场比拼的战败者还是能够用旁边的草莓挞来抚慰一下自己的！

13时——丰盛的午餐过后，我们的打工者重新回到了自己的办公室。

15时30分——下午茶时间。

17时30分——下班时间到了。他坐电梯去停车场开车，在晚高峰的堵车中耐心地等待，终于回到家停好了车。到了客厅，他瘫倒在沙发上，将电脑放在膝盖上，上网冲浪休息一下。一会儿，他感觉有点冷，就让语音助手帮他调高了空调温度。

19时——开始感觉饿了。问题来了：冰箱里空无一物。解决办法：拿起手机点一家最爱的泰餐厅的外卖，并细心勾选好了塑料餐具，他对自己的远见卓识心满意足，不禁笑了起来：不用再开洗碗机啦！在等外卖的时候，他决定在网上购买这一周所需的食品，这样的话，明天冰箱就能填满啦。晚餐过后，他看了一部电影，然后刷牙，换上睡衣，躺在床上，让劳累了一天的身体能够休息。让我们祝他晚安吧！因为今天才是周一，明天又要重复一遍今天的日程。

生活方式的选择

上面的懒人日常证明了一件事：在我们所处的当今社会，运动已不再是必需品。如今，我们不费吹灰之力就能得到所需要的一切。如果我们去运动，是因为自己想去运动，选择去运动，而不是因为必须去运动。我们现在的生活环境已经不需要通过捕猎或者跑半程马拉松去寻找食物了，只要花费最少的力气就能让食物送到嘴边。方便省力的新科技已经渗透进了我们的日常生活，我们这些现代人，可以满足一整天都坐着的愿望了。

因饿而跑

对我们的祖先来说，要想找到食物，就必须运动。运动甚至和饥饿紧密相连。食物充足时，运动水平相对较低，食物紧缺时，运动水平较高。实际上，当身体里储存的糖原（储备的糖）和脂类（储备的脂肪）等能量缺乏时，身体就会自动触发报警信号。为了回应这个内部警报，我们的祖先会自动去捕食以补充能量。当他们填饱肚子后，警报就会消失；当他们的能量储备达到警戒线，威胁生命时，他们自身的一种保护机制就会让他们动起来。换句话说，他们不需要柏拉图引导他们走出山洞，他们的自动系统会负责引导。今天，有些场景和我们的祖先经历食物短缺时的场景类似，比如节食或者禁食时，我们不难感受到这种冲动。对小鼠、大鼠和猕猴的研究也证实了，限制能量摄入与自发性运动的增加有关。

神经性厌食症

饥饿与运动二者的循环如果不正常，就会导致一种疾病——神经性厌食症。这种疾病表现为无法保持正常体重，害怕增重，以及畸形（一种身体形象的畸变）。众所周知，神经性厌食症和严苛的节食有关，但是我们很少知道它还与过度运动有关。有研究表明，在厌食症患者身上，由于摄入热量受到限制，运动水平得以提高，这些人倾向于主动进行运动。这些研究同时证实了，相较于健康人的大脑，厌食症患者的大脑，尤其是前额叶皮层，对于运动图像的反应更加强烈。又是前额叶皮层！根据这些结论，厌食症患者应该更多地使用自控力，以免受到过度运动的诱惑。这和久坐的人真是完全相反啊！

一直奔跑，直到死亡

科学家研发出了相关技术，让小鼠患上神经性厌食症。他们将一只小鼠放在一个带有跑轮的笼子里，限制它接触食物，但不限制它接触跑轮。在这种情况下，许多小鼠会过度运动，导致体重病态地下降。该实验中让人吃惊的是，禁食起初是人为控制的，但是一旦小鼠的体重开始下降，它们就会自动甚至控制不住自己去跑动，以至于忽略提供的食物，直到因此而饿死。研究人员认为，过度的运动是小鼠在实验室的笼子里绝望地寻找食物却徒劳无功而导致的。是进化让我们如此！

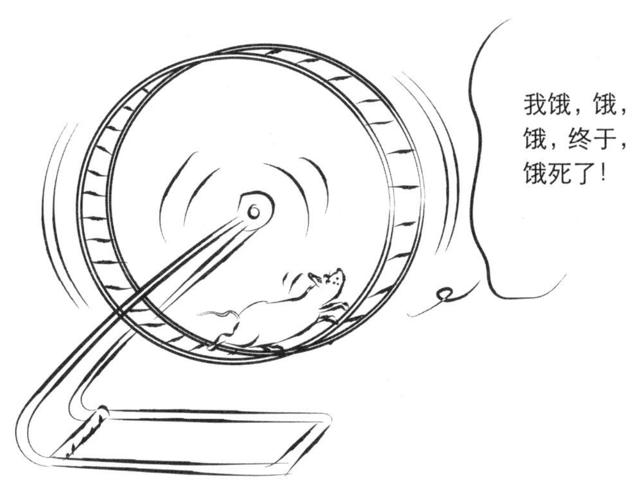

发生故障

在西方社会中，饥饿与运动之间的循环发生了故障，困在了最高水平的能量储备时期。我们中的大部分人都没有经历过饥饿，所以体内并没有发出报警信号，也就不会刺激我们进行运动。问题在于，我们经过进化后的遗传基因，来不及适应科技的改变，在能量消耗上总是有点吝啬。虽然并没有必要，但是遗传基因会促使我们一有机会就使用省力原则，我们总是在寻找最大程度节约能量的方式。一个精心打磨好的良性循环在数百万年中逐渐变成了恶性循环。在这种背景下，我们很容易理解为什么我们想把积极的运动意愿转变成实际行动比登天还难。

太过危险！

除了先进技术帮助我们省力以外，我们生活的街区环境也会影响我们的运动水平。比如，虽然我们的动机在运动行为中扮演着关键角色，但是选择骑自行车或走路而不是开汽车、坐公交、地铁或者电车去商店，也会受到距离远近、周边环境的安全程度和是否有人行道和自行车道的影响。科学研究表明，如果街区周边有良好的运动设施，例如，有供行走、骑自行车和其他运动方式的公共空间，运动的可能性就会更高。如果接下来你还在犹豫是否搬家，那你先在街区附近转上一圈再做决定吧，不要低估了街区周边环境对你运动水平的影响。你一定不想在孩子对你说想出去骑自行车的时候跟他说“太危险了，不能去！”

波士顿

马蒂厄在波士顿时，就体验到了城市环境对于运动水平的影响。在第一天的午餐时间，他决定骑车去麻省总医院健康职业学院附近买三明治。但是刚骑了不久，他就发现自己不得不在数层的大型环岛上被两辆装有排气消音器的大型卡车超车。这说明在美国，道路周边有足够的空间用来开设自行车道是多么重要！最终他还是艰难地到达了三明治店，此时他所有的自控力都已耗尽：他把所有能吃的食物都吃掉了，希望以此给即将返程的自己打打气。等平安回到学院之后，他发誓，除了周末会沿着查尔斯河道骑车去哈佛大学散步以外，他再也不会骑自行车外出了。当他一年后返回法国，又开始骑自行车了。

PS4 游戏机

通过某些训练，当你按下大脑中自控力的“开启”键后，久坐的吸引力会一点点减弱。芝加哥大学的心理学教授阿耶莱·费斯巴赫进行了一系列实验，结果表明那些能够控制自己的人，在面对诱惑，比如高脂食物或者甜食时，会重新激活既定目标来抵御诱惑，比如提醒自己正在节食。这个机制能够让这些人更好地控制自己的行为。让我们举例说明在运动背景下的这一结果。某个星期天早上 8 时，当其他人还在睡梦中时，你去进行早间快走锻炼。去锻炼的路上住着你最好的朋友，他刚给你发了一条信息，邀请你去他家用最新的 PS4 游戏机玩一局游戏。对于那些能够按计划完成锻炼目标的人来说，指向朋友家的路牌会让他们自动意识到危险并发出警告！既然已经决定要快走锻炼一小时，这才走了 15 分钟就停下是不理智的。他们的大脑已经准备好面对可能打乱计划的诱惑。对于自控力弱的人，这块路牌会自动激活他们舒服地躺在沙发上，玩一局游戏的欲望，并且会让他们忘掉去运动的想法。然后，等他们到家后，就会觉得很内疚。

《搏击俱乐部》

费斯巴赫根据约翰·巴格的研究（见下框），用科学术语说明了潜意识（无意识）诱惑的出现，会在认知上增加目标的可及性。她试图使参与者更能意识到自己追求的目标。为此，她让参与者完成一项确定词汇的任务，即迅速指出屏幕上出现的一串字母是否是一个存在的已知的单词（比如法语中存在brocoli 和 pomme[①]，但不存在 trocoli 和 mompe）。在参与者不注意的情况下，这串字母出现之前会在屏幕上快速闪现一些具有诱惑性的词语（比如巧克力，牛角面包），并使参与者意识不到这些词语。布拉德·皮特和爱德华·诺顿主演的电影《搏击俱乐部》充斥着这种潜意识图片。在费斯巴赫的任务中，如果潜意识诱惑在目标词汇之前出现，参与者对于该词汇的反应会更快，这表明诱惑自动激活了目标词汇。这一结果说明潜意识情景下出现的高脂食物和甜食，增加了控制体重的可及性，但这只针对能够成功保持节食的人。当既定目标遭到干扰时，这种自动激活目标达成的能力能够解释为什么有些人能够实现长期目标，而有的人则不行。

---

① 花椰菜和苹果。——译者注

难以控制的自动化机制

我们的行为是有意识的结果这一看法似乎是让人信服的。但是，无数研究表明这个观点是值得怀疑的。耶鲁大学的社会心理学教授约翰·巴格被认为是世界上无意识研究领域最顶尖的专家。他的研究致力于更好地解释自动及无意识过程在预测我们行为中所起的作用。巴格尤其因以下研究而闻名：他证明了物品的简单呈现，或者与记忆中的一项特殊行为有关的刺激（比如气味，温度，一种类型的人群，概念或者感官刺激）的呈现，能够在无意识的情况下影响个体的行为。这就是我们所说的启动效应：环境因素以自动、自发且无意识的方式影响着我们的行为。比如，科学研究表明金钱刺激下的潜意识会提高一项体力活动的表现力（如手部测力计显示的力量大小）；“图书馆”

概念的激活使学生自动降低音量；柠檬清洁剂的气味促发清扫行为（在一项实验室的实验中，参与者会清扫更多留在桌子上的饼干碎屑）；法语歌会增加法国葡萄酒的销量，而德语歌会增加德国葡萄酒的销量；信用卡标识能够让顾客在餐厅留下更多的小费；与老年人有关概念的刺激能够让人放慢步行的速度，也能够让人表现出记忆力下降。总的来说，这些研究都表明，人在某项刺激下能够轻松地产生促进与其记忆相关的行为。在巴格最新出版的书中，他说明了我们的无意识会在诸多生活场景中影响我们的行为，比如选择伴侣、选票颜色、居住地点、所购商品或者我们在测试和考试中的表现等等。

反向激活

在我们的理论框架下，我们对费斯巴赫在食物、宗教、工作和学业等领域所证明的人一直处在久坐的吸引力下依然能达到所定目标的机制进行了测试，得到的结果非常鼓舞人心，因为二者结果是相同的。在运动员身上，与久坐相关词汇的潜意识展现（沙发，吊床等）让他们更容易识别与运动相关的词汇（活跃，移动等），而在无法达到运动目标的参与者身上并没有观察到这个结果。换句话说，对于那些活跃的人，遇到久坐的诱惑，比如发现沙发或者看到最喜欢的电视节目的片头字幕，会自动激活运动目标。这些结果表明，久坐的诱惑完全能够激活人体中进行体育运动的机制。

双重奖励

活跃的人不但不易受到久坐的诱惑，还容易被运动吸引。相反，被运动抛弃的人不喜欢运动，且更容易被久坐吸引。通过观察瞳孔的活动规律，我们证明了，当屏幕上同时展示运动和久坐的图片时，活跃的人会自动被运动的图片吸引，而且注视的时间更长。总之，活跃的人在路上遇到久坐诱惑（电扶梯，长椅，交通工具）时，大脑不仅能够保持他们的运动目标，而且能够更好地感知一切可能的运动机会（楼梯，公园，能够站立使用的桌子）。要达到这种良性循环，就需要走出我们刚刚提到的恶性循环。在我们看来，促成这种转变需要一个非常明显的必要条件，那就是愉悦感。

选择苹果电脑

试想你需要在两台电脑中做出选择：一台是苹果电脑，另一台是其他品牌的电脑。你犹豫了，为了做决定，你将每台电脑的优缺点都列在了清单上。对比后结果非常明显，苹果电脑的功能更弱，续航时间更短，而且需要买许多配件，最主要的是，比另一台电脑贵上一倍，所以你去了商店决心要买一台其他品牌的电脑。但是看到两台电脑的外观差距，你就改变了主意，一狠心刷信用卡买了苹果电脑。为什么你会做出这个选择呢？因为你被自己的情绪欺骗了。

情绪的地位

情绪强烈地影响着我们的决定，它有时会让我们做出最佳决定，有时会让我们做出最糟糕的决定。直到现在，情绪都被认为是我们理性思维中的一颗沙粒，一个我们想要摆脱的影响理性思考的因素。一个好的决定应该是理性的，是无关情绪的。但是，就如日内瓦大学情感科学跨学科中心主任大卫·桑德所说，虽然情绪不应该指导我们所有的行动，但它通常会在做决定时起到关键性作用，且能扮演相对积极的角色。根除情绪是不合情理的，因为情绪在人类的进化和适应过程中扮演着关键的角色。感到恐惧并在危险来临时逃跑，是一种保证我们生存下来的能力。而且，没有情绪，就无法在社会中生活，最典型的例子就是那些缺乏同情心，对他人的痛苦无动于衷，患有心理疾病的人。

愉悦、幸福和自豪

如今，与情感相关的大量研究已在诸多科学领域展开，包括体育方面。在喜爱运动的人身上，运动会激发个体的积极情绪。这些情绪对于长期活跃人的生活，起着促进及决定性作用。如果进行一项运动时，伴随着痛苦、不适感，甚至羞耻感（这种感觉在学校的体育课上很容易感受到），那么我们的大脑就会自动让我们远离这项运动。反之，如果一项运动能让我们感到愉悦、幸福和自豪，我们的大脑就会努力让我们更多地参与这项运动。我们在运动时感知到的积极情绪会帮助我们抵消自发的省力倾向。

运动与饮食

让我们用运动与饮食打个比方。我们都知道蔬菜有益健康，但是我们却常常会选择高脂食物和甜食。解决这个问题的方法，就是好好烹饪蔬菜，让我们真正吃得开心，下次还想吃。如果我们用水煮蔬菜，再想吃一次会是个天大的困难，因为我们的大脑已经将上次饭菜惨淡的味道保留在了记忆中。对运动来说，也是差不多的道理。我们知道运动有益健康，但同时我们也喜欢瘫在沙发上。如果我们不能在运动时感受到快乐，我们的大脑会迅速被久坐吸引。

《发条橙》

如果你读过安东尼·伯吉斯的小说《发条橙》，或者看过1971 年斯坦利·库布里克根据小说改编执导的电影，那么你应该不会对这一段内容感到吃惊。对于没有看过的朋友们，欢迎大家来到一个操控情感与行为的实验。在电影中，库布里克描述了阿利克斯·德拉尔日，一个殴打、强奸他人，充满暴力倾向的犯罪分子的经历。在被警察逮捕后，他接受了一项治疗暴力倾向的科学实验。在治疗过程中，他被注射了某种致病药物，然后被绑在椅子上观看暴力图片。实验结束后，他被释放出狱，回到社会上的他温柔得像一只绵羊。他被原来的同伴追逐殴打而无法自卫，最后甚至想要结束自己的生命。

这部电影对行为心理学（见下框）提出了强烈的批评。影片强调了这种治疗方式由于剥夺了人的自由意志使其成为机器，从而使治疗效果变得更加糟糕（主人公试图自杀）。这也是《发条橙》题目的由来，失去了个体自由空间的行动是机械性的（自动化的）。但是，许多研究已经证明，在不违背底线的前提下使用这种方法，对我们的情绪进行干预是有效的。

行为心理学

行为主义，也被称为行为心理学。该流派主张心理研究需借助科学、客观的调查方法，认为心理学不能研究意识，而应该对行为进行观察和系统的研究。

行为心理学认为，人类的所有的行为要么是受到环境中某种类型刺激产生的自动反应，要么是个体经过学习的结果，包括负强化（惩罚）和正强化（奖励）两种结果。

换句话说，行为是我们对环境中出现的某种刺激的反应。该学派只考虑能够观察到的动作，因为个体的情感、认知或者情绪是过于主观的因素。因此只关注可观察的刺激－反应行为，但不会关注想法或情感。行为主义更关注环境因素与行为之间存在的联系，不考虑产生这些行为的心理学过程，只把大脑看作一个对于研究并没有太大作用的黑匣子。“行为主义”这个概念是由约翰·华生于1913年提出的，发表于一篇题为《行为主义者眼中的心理学》的文章中。这个概念的内在原理可以用华生的一段话来解释：

“交给我12个健康的孩子，让我对他们自由地进行教育。我向你保证，我会把他们随机培养成我想要的人物：医生，法官，艺术家，商人，甚至是骗子或者小偷。而所有这一切与他们的天赋，天性，倾向，能力，使命以及祖辈的种族都无关。”

简单地说，行为学家认为一切行为都是经历的结果，所有人不管最初的基础如何，当条件具备时，都能够让他们用一种特定的方式进行行动。从 1920 年到 50 年代中期，这一流派成为心理学的主导流派。直到 20 世纪 50 年代末期，认知革命才开始出现，将心理过程赋予了重要地位，由此产生了认知科学。

巴甫洛夫的狗

在行为心理学中，我们认为可以通过条件反射改变个体对一个特定物体或事件（刺激）的自动反应。最经典的条件反射是由 1904 年的诺贝尔生理学与医学奖获得者伊万·彼得罗维奇·巴甫洛夫在研究消化系统的功能时偶然发现的。他在一项实验中将一根导管安在狗的颚外侧，以收集唾液腺分泌的唾液，结果发现在肉出现之前狗就已经开始分泌唾液：当喂食的人一进入房间，狗就开始分泌唾液了。实际上，狗无意中形成了喂食者与食物相连的条件反射。巴甫洛夫决定进一步探究这一现象，他通过让肉与铃声同时多次出现在狗的面前，将二者联系起来。结果不出所料，后来狗只要一听到铃声，即使肉不出现也会分泌唾液。

可怜的阿尔伯特

在道德原则时代，约翰·沃森对巴甫洛夫的条件反射原理是否同样适用于人类进行了检验，这一实验备受质疑。1921 年，沃森对一个 11 个月大的婴儿阿尔伯特进行了研究实验。该实验的目的是，让实验者用力敲击两根金属棒产生的可怕噪音与白色老鼠联系起来，从而让婴儿形成害怕白色老鼠的条件反射。在实验最开始，小阿尔伯特面对白色老鼠丝毫没有害怕的表现。而当实验者把敲打金属棒的声音与白色老鼠联系起来后，阿尔伯特表现出了对老鼠的恐惧，而且不仅限于老鼠，他还对其他白色的物品产生了恐惧，比如白色的毛绒玩具和沃森的白头发。后来，科学家们对条件反射这一现象给予了极大关注，并且在更加符合道德原则的情况下证实了这一现象适用于多种类型的刺激与反应，比如气味、声音和图像。

条件性味觉厌恶

伐尼克兰[①]（也叫畅沛）是尼古丁的部分激动剂，对于戒烟者来说，其产生效用并不是使戒烟者远离条件反射，而是通过刺激大脑中的尼古丁受体降低对烟草的上瘾性，以减弱尼古丁的刺激。这款药物同时也会降低吸烟的愉悦感，因为大脑中的受体已经被占用，吸烟的效果无法达到最佳。伐尼克兰在降低愉悦感的同时也会减弱香烟与愉悦感的联系。在某些人身上，它还会引发一种新的香烟与厌恶感之间的联系。

---

① 虽然伐尼克兰治疗烟草上瘾的成功率高达20%，但是用药时须谨慎，因为其潜在的副作用可能加重抑郁和试图自杀的倾向。

这个现象就是著名的“条件性味觉厌恶”。

当郊狼害怕绵羊

这种联系之所以形成得如此之快，是因为它们明显利于个体生存。如果一种动物吃到了让它感到恶心的东西，它会不惜一切代价避免再次吃到这种食物，以避免不适。了解这一机制对于保护牲畜非常有效。在一项著名的实地实验中，研究人员在绵羊的骨骼中注入了一种毒素，可使郊狼生病但不会致死，研究人员的目的是帮助牧羊人减少狼对绵羊的捕杀。这个实验不仅能够减少牧羊人的损失，还能在某些狼的身上形成一种对绵羊的厌恶感，使得狼只要一看到绵羊或者闻到绵羊的气味就会逃跑。

治疗久坐

条件反射不仅会对于不同类型的行为起作用，而且还可以用来克服久坐倾向、促进运动。尽管目前改变久坐的自动情感反应的人工技术并不多，但是初步研究的结果仍然是鼓舞人心的。有一项研究就表明，通过想象愉快的运动体验，参与者会对运动形成更积极的情绪。另一项研究试图利用条件反射测试一款手机应用的效果。在这项研究中，宾夕法尼亚州立大学运动科学教授大卫·康罗伊测试了一款手机应用，使用者每次将手机锁屏或解锁时，该应用就会呈现出与积极情绪相关的运动图像，比如一个人正在明媚的阳光中跑步的图片。结果表明，在使用8周后，参与者的身体活动都有增加。

靠近／回避

一些研究人员通过训练参与者向外推动操纵杆以避开不健康的刺激（酒精饮料的图像），向内拉回操纵杆以靠近健康的刺激（软饮料的图像）来减少参与者的饮酒量，降低酒精中毒的概率，同时促使参与者选择健康食品。为了探索这种条件反射是否能够应用于运动，我们让第一组参与者接受靠近运动图像，远离久坐图像的训练。第二组则正相反。第三组接受先靠近而后远离运动图像和先靠近而后远离久坐图像这两种次数相同的误导性训练。研究结果表明，实验结束后，被训练接近运动图像远离久坐图像的这一组参与者会花费更多的时间进行半蹲训练。这证明了这种类型的条件反射能够有效地促进自主运动。它可以使我们更好地理解情绪的编码和记忆过程，以便更好地控制我们的大脑在运动期间所记住的东西。

峰值－终值

当我们跑了一小时的步，大脑很可能不会把每分钟的感受都记录下来，只有一部分内容被记录下来并影响我们今后的活动。尽管与运动没有什么关系，也并不会让人感到舒适，肠镜检查和碎石术手术[①]相关的实验结果却能够证实这一点。这些研究证实了最初由心理学家和诺贝尔经济学奖获得者丹尼尔·卡尼曼提出的“峰值－终值”定律的存在。根据这一定律，我们可以想象，在一个小时的跑步中，能让我们的大脑留下印

---

① 碎石术手术是一种用于消除各种结石，包括唾液腺结石在内的医疗技术。

象的是运动最剧烈的时刻的感受（峰值），以及最后几分钟的感受（终值），无论这种感受是积极的还是消极的，其他时间段的感受则都被遗忘了。

温度，肠镜，比较计算

卡尼曼在最初的实验中设定了两种情境。第一种情境，参与者需要将一只手在 14 摄氏度的水中浸泡 60 秒，这完全不会让人感到舒适；第二种情境，参与者需要将一只手在水中浸泡 1 分半钟，其间水温会从 14 摄氏度慢慢升高到 15 摄氏度，这同样是不会让人舒适的感受，随后参与者要选择希望重复哪种情境。正如峰值－终值定律所阐述的，尽管参与者需要将手在冷水中浸泡更长时间，但他们仍然选择希望重复第二种情境，这看起来并不是一个很理智的决定。卡尼曼同样对病人在进行肠镜检查或者碎石手术过程中的痛感进行了测量。结果表明所有这些痛感与整个检查过程的时间长短和平均痛感强度都没有关系，而与检查过程中的疼痛峰值以及最后 3 分钟的疼痛程度强烈相关。换句话说，检查过程中痛感的峰值和终值最重要，其余的都被忽略掉了。卡尼曼和同事又进行了一次实验，参与者被随机分为两组。第一组进行传统的内窥镜结肠检查；而对于第二组人员，肠镜探头会在同一部位多停留 3 分钟，造成不适感，但不会引起疼痛。结果表明，多停留 3 分钟使得检查变得没有之前那样令人感到痛苦。更有趣的是，这些病人更有可能回来做进一步检查。这些结果让人再次质疑人类的想法是否是理智的。也就是说，虽然不适感被延长了 3 分钟，但是加入一个并不痛苦的终值会减弱整个检查过程中的痛感。现在，你应该明白了，下次去跑步的时候，为了能在结束的时候感到最大程度的快乐，我们希望你在结束前能慢下来好好地享受几缕阳光。

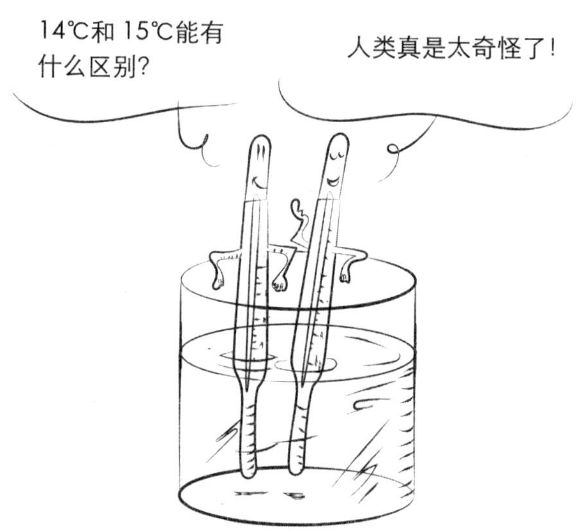

运动：一场持久战

走向运动的第一步就是意识到久坐的吸引力。认识到这一点就能激活认知资源，帮助我们抵制现代生活中无处不在的久坐诱惑。当我们暴露在久坐的诱惑下，例如自动扶梯，扶手椅，滑板车或者其他电动车，我们需要将这些诱惑识别出来，退出无意识状态，重新控制我们的行动，选择更加符合活跃生活方式的行为。当我们下一次遇到自动扶梯和楼梯时，请坚定地按下我们大脑中的“启动”按钮，选择走楼梯。不要像 90% 的人一样按下“关闭”按钮，选择坐电梯。我们需要学着识别诱惑，从这种下意识地选择节约能量的自动巡航机制中解脱出来。这样做的好处是，我们越多地去做这种选择，这个选择就变得越简单。长期如此，就会在某个时刻无意识地做出这个选择，选择最消耗能量的行为将会变成一种习惯。这种习惯打败了损害健康的久坐吸引力，占据上风。只要能够保持这个习惯，久坐的冲动就会被击败出局。为了使运动习惯的培养变得更简单，在运动中，需要尽量让自己感受到愉悦，最后几分钟的愉悦感尤为重要。假如体验不到愉悦，想要长期保持活跃就几乎是不可能的。

CHAPTER

没错你可以

变得热爱运动。

懒人重生

现在，让我们先来看看上一章开头向你介绍过的打工者。我们很高兴地发现，现在他的汽车安静地停在车库里。每天早上，他都骑自行车去上班。最初几次，他有点迷路，但现在他可以闭着眼睛骑到公司。几个星期以后，他甚至会绕远路来欣赏一些美好的街角风景。由于骑车比开车节省15分钟的时间，每当看到同事还焦急地堵在路上，而他能按时到达公司，他都会微微一笑。他减少了开销，尤其是汽油费。他再也不乘坐电梯了，而是更喜欢借此机会走楼梯锻炼。到了下午茶时间，他会去一楼的咖啡厅休息一会儿，那里的咖啡比胶囊咖啡好喝得多，而且更加环保，在那里还可以一览无余地欣赏到外面的风景。他很喜欢看看风景，因为这样可以让他暂时放下工作，放松一下大脑，从而更有效率地继续工作。中午，他会和已经被说服去遛弯的三名同事一起走20分钟，去办公楼旁边的餐馆吃午饭。有时，他们也会一起探索这个街区的新餐馆。他还购买了一张可调节高度的办公桌，这样就能站着办公，同时也能享受少有的、坐着办公的时间，很快就有一位同事模仿他也买了一张。回家后，他打开门，抓起昨晚精心准备好的健身包，然后迅速出门。每周二和周四的晚上，他都会去健身房和其他人闲聊，在Deezer上听最喜欢的音乐歌单，最大限度地享受运动的快乐。运动结束后，他为自己准备一小份《黑斯廷斯日出厨师》中的卡普雷塞沙拉。这本书是在去一家餐馆吃午饭时，偶然发现的一家旧书商那里买到的。至于冰箱，早已装满，他现在已经有了所有需要的食物。现在，每周六早上他都会去菜市场，在那里他常常会遇见邻居和朋友，在清新的早晨享受在街巷中漫步的乐趣。完成所有这些事情可以帮助他每天走1万步，他完全能够达到每周5次每天30分钟的运动建议了。从数据上看，他抓住了所有锻炼的机会来保持身体和心理健康，再过几年，他就能健康地享受天伦之乐了。

注意事项

在你继续阅读之前，为了保障你的人身安全，有些注意事项我们要提醒你，否则一旦你读完了本章的最后一页，就为时已晚了。虽然医生对于许多疾病的建议都是多加运动，比如糖尿病，高血压，癌症，心肺疾病，关节病，肥胖甚至抑郁，但是针对不同的疾病，运动建议是需要进行调整的。尤其是如果你从没有进行过如此强度的运动，或者你曾经有过健康问题，那么赶快给你的医生打个电话。如果你需要特殊的建议，不要犹豫，联系你的理疗师或者该运动的专业人士，他们会很高兴地回复你的。在本章中，你会意识到自己不但可以做到热爱运动，而且需要一点准备和一些技巧就能够轻松实现。

体育运动≠身体活动

不过，到底怎样才算是“活跃”呢？世界卫生组织对于身体活动的定义是“由骨骼肌产生的任何需要消耗能量的身体动作”。换句话说，身体活动就是让身体动起来。体育运动算是一种身体活动但并不是全部内容。在研究中，我们了解到参与者常常认为身体活动就是指体育运动，比如足球、篮球或者田径运动。他们认为，热爱运动的人一眼就能看出来：他们身材匀称，拥有巧克力腹肌和翘臀，肱二头肌明显！体育运动有时真的会给人留下这种印象，但并不总是这样，尤其是我们在电视中看到的体育运动只是身体活动的冰山一角。身体活动包括许多简单的活动，有时是日常的不同强度的活动（参见两页后的表框）。在街上散步，骑一圈自行车，推着购物车购物，爬楼梯，在公园玩耍，用吸尘器进行清扫，搬运杂物，修修补补，或者打理花园，等等都是身体活动。

幸福就在此地此刻

众所周知，长期进行身体活动能够改善我们的健康状况，但身体活动的好处不仅限于此，这种“神奇的药物”在短期内也有效果！科学研究表明，身体活动能够缓解压力，改善睡眠，提高自尊心和自信心，让我们的大脑更加活跃，让我们的性生活和社交生活变得更加愉快。耶鲁大学和牛津大学的研究人员在著名期刊《柳叶刀》上发表的文章证明，热爱运动的人与不爱运动的人的心理健康差异，相当于年薪相差 20000 欧元的人之间的差异。如果你生活的主要目的是快乐，那么通过积极运动达到这个目标肯定要比每个月多挣 2000 欧元简单得多。

身体活动的益处

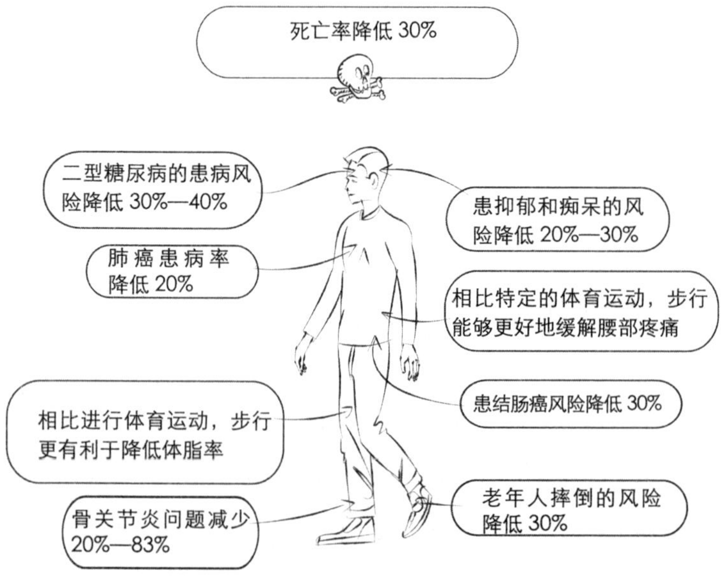

不同类型的身体活动

身体活动是一种能够改善身体健康状况，提高幸福感的绝佳方式。但是热爱锻炼究竟意味着什么呢?

身体活动可以分为四大类型。耐力活动，可以轻松地融入我们的日常生活，包括散步，跑步，骑自行车，游泳，跳舞等。增肌活动，不但存在于我们的日常生活中（上下楼梯，搬运杂物），而且还可以作为锻炼计划的一部分（做几次仰卧起坐，俯卧撑等）。柔韧性活动，例如瑜伽或其他有助于维持我们大幅度运动能力的活动，使我们的所有日常活动例如系鞋带、弯腰捡起东西或穿衣服都更加轻松。平衡性活动，例如单腿站立或走一条直线。身体活动也分为不同强度。剧烈活动需要大量体力并且使我们的呼吸比平时快得多（例如爬山，奔跑，高速骑自行车，跳绳，快速游泳，踢足球或网球单打）。在从 0 到 10 的运动强度感知表上，这些活动的运动强度大于 7。中等强度的体育锻炼，是指那些需要中等强度体力并且使我们呼吸比平时稍快的活动（例如，中等速度骑自行车或游泳，快走或打双打网球），运动强度是 5 或 6。在这种强度下，可以边运动边聊天。

相反，久坐的生活方式被定义为坐着或躺着进行的所有活动（不包括用餐或睡觉）。我们久坐时能做很多喜欢的事，例如看电视，上网，看书，乘车出行甚至坐在办公桌前工作。在这些情况下，能量消耗非常低，身体活动量减少到最小。最近的科学研究表明，长时间坐着对健康会产生负面影响，无论我们的身体活动水平如何，这些负面影响都会存在。因此，研究人员的建议是，尽量坐一段时间就做一些身体活动。

动起来吧！

没错，你可以！如果你只需要记住一件事，那么请记住本章中的这一点：你能够做到在一周中的大部分日子进行 30 分钟的身体运动！ 虽然根据年龄或健康状况这种运动建议会略有不同（请参见下表），但都有一个共同点：很容易坚持下来。我们不希望像科鲁奇在竞选总统拉选票时那样，使用诸如懒惰的人，肮脏的人，吸毒的人这一类词汇来呼吁，但是我们的想法是一样的。就是无论你是哪个年龄段的人，无论身体健康与否，患有慢性病还是身体残疾，都应该认识到，运动不只适合顶级运动员，我们也能从中受益。身体活动正在各个街角等着你。

有关身体活动的建议

保持健康需要多大的活动量？我们如何判断某个人活跃还是不活跃？

对于健康的成年人：

世界卫生组织建议每周至少进行75分钟的高强度活动，例如跑步，足球，网球单打，或进行150分钟的中等强度的运动，例如快走，爬山，排球，滑板，网球双打，或两者兼而有之。同时建议每周至少进行两次肌肉锻炼，例如普拉提，阻力带运动，深蹲或者园艺活动。

对于6个月至5岁的儿童：

建议每天至少活动三个小时，主要是以游戏的方式进行。步行，奔跑，跳跃，投掷，游泳或进行探索发现，都是这个年龄段的儿童可以进行的活动。身体活动应该从小就开始，我们的孩子在儿童时期越活跃，长大后活跃的概率就越大。父母的首要任务是限制儿童看屏幕的时间，同时建议除了午休和睡觉的时间以外，避免让我们的孩子连续坐着或者躺着一个小时以上。

对于5至11岁的儿童：

每天至少进行一小时的中等强度或高强度的身体活动。建议至少每隔一天进行一次能够增强肌肉力量、强化骨骼、提高柔韧性的身体活动，同时建议减少坐着或躺着的时间。对于该阶段的儿童，最主要的任务是限制使用电子产品。父母可以给孩子做示范，激发他们想要运动的意愿，培养良好的锻炼习惯（如步行或骑车去上学）。

对于12至17岁的青少年：

建议每天至少进行一小时的身体活动。尤其要注意该年龄段的女生运动量常常会大量减少。至少每隔一天进行一次能够增强肌肉力量、强化骨骼、提高柔韧性的身体活动。

对于残障人士：

总体来说，对于健康的成年人的建议同样可用于残障人士。但是需要根据具体残障情况进行调整。在可能的情况下，最好能够每天进行30分钟的心肺锻炼。可以分几次完成，延长间隔时间或调整到适合自己的运动强度。也就是说，及时对运动强度、渐进程度（逐渐增加锻炼时长）、频率（最初你可以间隔一至两天进行一次，直到逐渐能够每天都进行锻炼），以及运动类型（增强肌肉力量的耐力活动和保持活动能力的柔韧性活动）进行调整。

对于60岁以上的老年人：

身体活动能够帮助老年人维持自律，保持健康。建议每天至少活动30分钟。散步、园艺或修补等活动比较适合这一年龄段的人群。增强肌肉力量、提高柔韧性和平衡性的锻炼，由于可以降低摔倒风险，因此同样重要。

总之，无论年龄和健康状况如何，按照上述这些建议进行运动是很简单的，我们每个人都能做到。另外，这些运动建议符合日常的运动量，足够达到有益健康的作用，并能够预防某些疾病，是理想的锻炼方式。无论做哪项运动都是对身体有益的，每分钟都不是白费的，都能对健康带来益处，就算只锻炼一会儿也比完全不锻炼好得多。

从最容易的开始

为了能够成功地开始第一次锻炼，你需要制定一个明确且可以达到的目标。比如，你可以每周 5 次（或者每周 6 次，因为你实际锻炼时一定会比预计的次数少）达成以下目标中的一项：步行 10000 步，跑步 30 分钟，游泳 500 米，攀岩或者徒步越野等。你也可以定下一个长期的挑战目标，比如准备参加一次所在城市的半程马拉松或者加入一支手球队。多尝试几项运动，直到找到最适合你的那一项。你无须将自己困在一项不喜欢的运动中。请你记住：一项运动不能带来快乐，就不能长期坚持下来。用你自己喜欢的方式活跃起来吧！

避免受伤

如果你存在超重的情况，但又希望变得更加活跃，首要任务之一就是避免小的肌肉和关节损伤，这些损伤可能会阻碍你按时达成目标，甚至让你倍受打击。针对这一点，我们建议你开始时选择不需要有过多关节活动的锻炼，比如游泳，骑自行车或者越野行走。这些锻炼对你的骨骼和肌肉的损伤较小，从而会降低受伤风险。当你锻炼了几个月后，可能会减轻了一点体重，肌肉也得到了强化，这时你可以慢慢地将跑步作为日常锻炼了。如果你的首要目标是减轻体重来更好地获得锻炼的好处，那就试着将你的锻炼安排在每天的同一时间，如果可能的话最好在早晨进行。当你的体重恢复正常后，你就不必再担心关节出现问题了，也能想跑多久跑多久了（每周跑步建议不超过 100 公里）。

逐步开始出发

你可以将目标分成几个小阶段来完成。对于目标非常宏大的人来说，如果你的目标是参加下次的城市半程马拉松，你可以先定一个逐渐跑完 20 公里的目标。你的最终目标可能是：三个月后，我能够中途不休息地跑完 20 公里。为了达到这个目标，你可以分成几个阶段，比如：最初的三周，我要每周跑 2 次 5 公里。接下来的三周，我要每周跑一次 5 公里，一次 10 公里。再后来的三周，我要每周跑两次 10 公里。随后的两周，我要每周跑一次 10 公里，一次 15 公里。最后一周，我要不间断地跑完 20 公里。当动机不够强的时候，重新想想你的最终目标以及完成目标时的愉悦感和个人满足感。每周过后，记得好好祝贺并奖励达成目标的自己呀！

记录你的进步情况

另一个保持运动动力的方法，就是记录你的进步情况。你可以通过手机上的应用软件或者运动手表来记录自己的运动，然后你就能够在平板电脑或者笔记本电脑上直观地看到你的进步。很多应用软件都能帮助你在日常生活中完成30分钟的锻炼。有些能够让你自己设定运动目标，记录进步情况，并且对每周的运动情况进行小结，这个小结也能提醒你每一次的进步都充满意义。

如果说经济上再少的储蓄也是储蓄，那么在身体活动中，再小的锻炼也是锻炼!

只为你自己

有些人热衷于在社交网络上晒出自己的运动成果。如果这样能让他们感到高兴,那何乐而不为呢? 但是,这种“为了别人”的动因并不足以使一项行为长期保持下去。因此，认识到自己去锻炼的动因十分重要，也就是“只是为了自己才去锻炼”。如果我们有更加直接的内在动因去锻炼，比如锻炼让我们更放松，减少慢性病对身体的影响，或者增加我们和亲人在一起的时间，那么达成我们的目标需要消耗的认知资源就比较少。我们需要集中关注源于自身的动因。如果你去锻炼是因为你的配偶或者医生给你的压力，锻炼让你满足了他们的期待从而没有负罪感，那么从中长期来说，这是行不通的。为了你自己而投入锻炼吧！

做好“如果……那么……”的准备

另一个看起来十分简单但效果惊人的方法，是纽约大学的心理学教授彼得·戈尔维策提出的“如果－那么”法。这个方法就是假设出现某种情况，那么按某种做法去应对，以一种外显的方式促进我们达成所定的目标：“如果我面对的是某种情景，那么我就会这样做。”虽然这种详细的假设看起来有些无聊，但是无数研究都证明了其正确性。当我们想要变得活跃时，我们可以想一想下框中的“如果……那么……”，花几分钟的时间思考一下你生活中最可能出现的情况，以及能够采取的解决办法。我们给你的建议是：把它们写下来并贴出来！定期读一读这个列表，一旦有新的想法时把它填上去。

预估外部障碍

糟糕的天气，晚餐邀约，朋友约酒，公司加班，还有难以抵抗的沙发的诱惑。即使活动计划得再细心，也可能在某一瞬间因为上述某种情况被打乱。但是不必慌张，为了避免这种情况出现，需要提前想好应对措施。做法很简单：我们求助于传统的“如果－那么”法。对于可能阻碍我们行动的事件，提前做好专门的应对策略非常有效。研究人员将此称为因应策略。该方法关注对我们的锻炼产生威胁和存在风险的情况，预估其必要性，以便出现意外时能够迅速地应对（见下框）。再次重申，识别你自己遇到的阻碍，提前准备好相应的解决措施能够使因应策略的效果最大化。

“如果……那么……”

“如果－那么”法，或者用科学用语来说，叫作执行意图：为什么这种方法能行得通？这种策略能让我们轻松地识别对我们达成目标构成威胁的关键机会和重要情况，能使某种特定情形（比如沙发）与回应（迅速穿好运动鞋去散步）之间在我们的记忆中形成强烈的联系。只要在计划中遇到这种特定情境，形成的计划能够帮助我们按照应对措施去实施。这个方法的有趣之处就在于这种情境具有自动启动行为的能力。换句话说，这一方法能够让我们形成自动保护机制，增加我们达成目标的可能性，而且所有这一切都无须意识。一些研究通过检测大脑活动，证实了这一方法能够从需要努力的有意识的控制模式，变成高效的无意识的自动控制模式。也就是说，虽然“如果－那么”法在最初是需要我们通过控制系统来建立的（我们有意识地决定做出这种计划），但随后它只需要在我们自动控制系统的帮助下就能发挥作用。随着“如果－那么”计划的执行，我们的行为会自动触发，不需要努力控制，这些计划会保护我们达到目标。

制定计划策略

1. 如果下一辆公交车还要等 7 分钟以上，那么我会步行去下一站等车。

2. 如果从 A 地到 B 地走路不超过 20 分钟，那么我会选择步行或者骑自行车。

3. 如果我预计自己能够提前到达工作地点，那么我会把汽车停在稍远的地方，这样就能走一会儿。

4. 如果我面临走楼梯、乘电梯还是乘自动扶梯的选择，那么我会选择走楼梯。

5. 如果在回家前无法进行锻炼，那么我在回家前不会久坐。

因应策略

1. 如果第二天的天气不好，不能让我进行晚间锻炼，那么我会在家中用另一项增肌运动来代替。

2. 如果我计划跑步的当晚接到朋友的邀请，那么我会迅速地在自己的时间表中安排另外的时间进行锻炼。

3. 如果我感觉累了，那么我会提醒自己锻炼身体能够让我精力充沛。

4. 如果我需要长时间工作而不得不取消当晚的锻炼，那么我会在第二天步行去上班以弥补漏掉的运动。

预估内部障碍

大部分科学研究证明，“如果－那么”理论不仅能够用来简化从意图向期望行动转化的过程，在采取行动之后使用这一方法也有用处，它能够保护我们免受不良想法、感觉和心理状态的诱惑，防止我们半途而废。彼得·戈尔维策对想要在比赛中表现出色的网球运动员进行了一项少见的研究并印证了这个假设。他的研究团队测试了该理论可以避免不安和焦虑状态，从而避免影响出色表现这一目标。在第一个实验组中，参与者表达了下面的意图：“我要以最大的专注度去打好每一个球，全力以赴，赢得比赛！”在第二组中，参与者同样被邀请做出4个“如果－那么”计划，并在计划中详细列出了会扰乱表现的心理状态（比如焦虑、紧张或者精力不集中等），以及这些情况的应对措施。比如，参与者可以这样列出计划：“如果我感到焦虑，那么我会将注意力集中在比赛的技巧和策略上，以忽略这种心理状态。”在第三组中，参与者不能表明意图，也不能做计划。结果表明，做过“如果－那么”计划的参与者比其他两组参与者的表现更加出色。这一结果表明了这种计划不仅能简化意图向行动转化的过程，还能增强行为的稳定性，抵抗我们大脑中的威胁因素。在身体活动这一情景下，“如果－那么”计划可以这样做：“如果我在用力时感到身体不适或者疼痛，那么我会稍微慢一点，将注意力放在我的呼吸上。”可以通过放松的技巧（呼吸练习）和集中精神的常规训练来提高计划的有效性。

粘贴计划

除了将你的“如果……那么……”一条一条总结好张贴出来，你也可以直接做计划，具体标明未来一周要做的锻炼、时间和地点。虽然这个方法很基础，但是科学研究表明这样做对于提高运动水平是切实有效的。现在，该你拿起笔填写计划表啦！你也可以把计划表打印出来，贴在冰箱上。下面就是一名成功改变久坐生活的受试者所做的周计划表。

时间	星期一	星期二	星期三	星期四	星期五	星期六	星期日
8点至12点		走路上班 快走15分钟		走路上班 快走15分钟			走路去菜市场购物 步行30分钟
12点至13点30			午休时间 15分钟步行				
13点30至17点30						骑自行车外出 身体活动1小时30分钟	
17点30至22点	去健身房 身体活动45分钟	跟着电视做操 身体活动20分钟	跟着电视做操 身体活动20分钟	下班走路回家 快走15分钟	走路去看望朋友 步行30分钟		
总计	45分钟	35分钟	35分钟	30分钟	30分钟	90分钟	30分钟
	下周我一共会进行4小时55分钟的身体活动						

与自己对话

为了让这套促进我们运动的方法更加坚不可摧，我们也可以与自己进行对话。这个想法听起来很荒唐，但实际上却是有效的。比如，在肌肉用力时与自己对话，能够减少用力过程感受到的强度并提高耐力表现。跑步是你可以确定这一方法最为有效的关键时刻。在运动最开始的几分钟，你可以告诉自己："出来跑步真是太棒了，这对你的身体十分有益。你正好需要休息一下。"当你进行到一半时，你可以告诉自己："很好，你已经完成预期计划的一半了，继续加油！"在最后几分钟，你可以说："加油，你已经完成一大部分了，再努把力就能圆满完成了，你会为自己感到骄傲的。"你也可以在平台期的时候使用这个技巧："加油，偶尔状态不佳是很正常的，慢一点，跑步应该是快乐的，就算慢点跑也不要紧。"重要的是选择标志性的以及对你认为有意义的时刻使用该技巧。

享受快乐，自我奖励

内窥镜结肠检查过程的疼痛强度测试向我们证明了，只有最激烈的情感体验和一项活动结尾的感受会留在我们的大脑记忆中。因此，我们建议你在活动过程中除非精力过于充沛，否则要避免给自己造成特别痛苦的感受，这对你有好处。但是无论在何种情况下，当你用自己的方式享受身体活动时，愉悦感应该是进行这项活动的关键。如果你的教练坚信“没有痛苦，就没有收获”，我们建议你在路上避开他，并把这本书塞进他的信箱里。因为这种提倡痛苦的理念，不会让你长期保持活跃。为了让你感受到更多的身体活动的快乐，你可以在运动结束后做一些让自己感到快乐的事情进行自我奖励，比如蒸桑拿，看最喜欢的网飞电视剧，买一块巧克力或者自己喜欢的东西。这种小小的奖励能够让你更加稳定地进行身体活动。几个月后，你就不需要依靠这个借口去锻炼了，身体活动本身就成了你的奖励。所以，在活动结束后给自己一点快乐吧，你有充分的理由这样做！

迈出第一步

意识到身体活动的重要性，预估障碍，最后体验身体活动带来的快乐。当我们想要采取一种更积极的生活方式时，就需要把这些重要的事记在心里。第一步就是了解久坐的吸引力和指导我们大脑的省力法则。为了促进自身进行身体活动，我们需要预估障碍并详细计划好要进行身体活动的时间、地点和类型。最重要的是，感受运动的每一刻。为此，你要集中精力关注自己的健康状况，并经常进行自我奖励，身体活动带来的个人满足感和愉悦感是进行长期运动的关键因素。为了帮助你，我们在此向你提供几个实用的建议（见下框）。现在，到了你迈出第一步的时候了！

一些增加日常身体活动的建议

· 尽量在可能的情况下走楼梯，直到成为一种习惯。

· 提前两站或三站下公交车。

· 将车停在距离目的地步行15分钟路远的地方。

· 走出你的工作大楼进行午餐。

· 找一个一起锻炼的伙伴，这样他能在你感到困难的时候激励你。

· 在你的日程本上像记录工作会议一样记录锻炼情况。

· 使用一个能激励自己锻炼的应用软件，比如Fitness Buddy，BodySpace或者MapMyRun。

· 和同事进行一次边走边谈的活动，来代替你们在办公室坐着开会。

· 在午休时间去健身房，避免在晚上锻炼占用与家人在一起的时间。

· 设定一套常规程序，比如：每周的周一、周三和周五的午餐时间我要进行3次快走。

· 在前一天晚上将运动包放在门厅入口。

· 准备好B计划以防止事情有变，比如遇到不良天气。

· 卖掉你的摩托车，强制自己只骑自行车。

· 加入一个你家附近的体育运动协会，比如格勒诺布尔的uN p' Tit véLo dAnS La Tête协会。该协会的创办目的是提升自行车运动形象，倡议大家将骑自行车作为日常出行方式。

CHAPTER

没有借口

在我们试图进行身体活动时，不但存在大脑不愿意被久坐吸引的时刻，也存在为了偷懒激发超强创造力的时候。找借口，多多少少能消除我们不运动的负罪感。在此，我们统计出了十个最常用的也是最糟糕的借口。当然，这个榜单并不是帮助你寻找借口，而是告诉你，当我们关注实际情况，就会发现这些借口根本站不住脚。

糟糕借口 1： 我太累了，没力气去运动。

实际情况： 身体活动会让我们更有活力和精力。

身体活动是两面性的，它虽然会锻炼我们的肌肉，让肌肉疲劳，但是也会让我们充满精力和活力。为了证明这一点，请你好好想一想，你去锻炼时有多少次会拖拖拉拉？不计其数。

但有多少次你后悔去运动？很可能从来没有。如果你累了，那么提醒自己身体活动会增强你的活力。换句话说，正是在你缺乏能量、感到疲惫时，才更需要进行身体活动。

糟糕借口 2：我没有足够的时间去锻炼。

实际情况：身体活动不需要额外的时间，只要我们愿意减少生活中习惯性的久坐。

假如我们的日程排得满满当当的，无须搞乱我们的活动计划，只需稍微调整一下时间表，就能迎来很大的改变。如果我们有时间上网，就有时间变得活跃。如果我们有时间在早晨上班的路上堵车，就有时间骑车去上班。不坐电梯，走楼梯，哪怕只是几层楼梯，这能占用多长时间呢？几分钟？如果说你没有时间，那么想一想你在日常生活中能代替久坐的活动。每一步路都算数！

糟糕借口 3：我需要照看小孩，而且我家没有保姆。

实际情况：身体活动对于儿童来说也是必不可少的。

当你怀孕时，医生会建议你做适量的运动，这对你和胎儿都有好处。孩子出生后，同样如此。孩子每天的身体活动可比你多得多，所以抓住和家人一起锻炼的机会吧。比如周末一起出去散步或骑自行车，去公园玩，去游泳馆学游泳。这些运动能够促进孩子的运动、情感、认知和社交能力的发展。另外，研究表明，在儿童时期就培养运动习惯能够让孩子在长大后变得更加活跃。全家人一起锻炼，是一项真正能够造福你孩子未来健康的事。避免养成久坐的习惯同样重要。你不会让孩子每天都吃麦当劳，那么为什么你要让他们的大脑每天懒惰一个小时呢？这样他们就会慢慢地成为懒惰的大人。如果你需要照看孩子，那么想一想能够让家人一起做的活动，以及这些活动对健康的好处，这不仅是为了你自己，也是为了你的孩子。

糟糕借口 4：我买不起健身课程。

实际情况：身体活动也有免费的，甚至能帮我们省钱。

不一定需要成为健身房的会员，或者买最新款的运动装备才能变得活跃。不需要花钱就能进行的身体活动到处都有，这才是神奇之处。这种简单的活动能给我们带来快乐，让我们更加健康，而且还是自助式的。最重要的是，身体活动还能帮我们省钱。骑自行车去上班，比开车去上班每年至少节省 1000 欧元。如果你能成功地不再使用汽车，平均每年你能节省 5000 欧元（包括汽油、保养、保险费用等），相当于中了大奖。在一些国家，比如鲍里斯所在的国家，爱运动的人还可以少交医疗保险。如果你认为自己没有钱做运动，那么请你记住，身体活动也可以是免费的，甚至能帮助我们省钱。

糟糕借口 5：我感觉身体很疼。

实际情况：适量的身体活动能够减少疼痛，并让我们的关节变得更加健康。

有时候，当我们感到身体某部位疼痛得实在无法忍受了，比如膝盖，我们会认为最佳解决方案就是什么都不做。你需要记住，避免身体活动可能会使问题变得更加糟糕。不运动会削弱支撑脊柱的背部肌肉的力量，单纯的休息并不能减轻疼痛，但是渐进的温和的平板支撑运动，却可以增强这些肌肉的力量，减轻疼痛。对于患有风湿病的人来说，身体活动能促进滑液的产生，润滑关节表面，滋养软骨，并促进关节表面受力均匀。你的医生，理疗师或者相关行业的专业人士会帮助你了解适合你的锻炼项目。如果你认为身体活动会造成伤痛，那么请你记住，进行适量的身体活动不但能够减轻你的日常疼痛，还能使疾病加快好转。

糟糕借口 6：我患有慢性疾病，不敢做身体活动。

实际情况：当你选择适合自己的身体活动并采取专业的方法进行锻炼时，身体活动并不危险。

做过心脏手术的病人害怕锻炼的情况并不少见，他们害怕运动会触发新的问题。但是，实际情况与此完全相反，身体活动才是真正能够治病的药物。你的心脏是由心肌构成的，需要进行训练才能变得强健。以专业的方法进行锻炼带来的好处，远大于可能带来的风险。研究表明，对于患有癌症尤其是乳腺癌、直肠癌或前列腺癌的人来说，身体活动不仅有益健康，对于疾病的治疗也有好处。如果你害怕进行身体活动，那么请记住，以专业的方法进行适合自己的身体活动比不活动要安全得多。

糟糕借口 7：我太胖了，太笨了，太不灵活了，所以没有办法锻炼。

实际情况：除了体育馆，还可以在其他很多地方进行身体活动，而且能够增强我们的自信心。

当身体活动让人感到不适或者尴尬时，当有人看着我们运动让我们感到害羞时，要记得我们做运动首先是为了自己，为了让自己感觉更好，为了照顾好自己的身体。如果我超重了，我会想到所有因肥胖而受到歧视的情景，比如在公共交通工具上或者超市里。即使这种歧视是不公平的，不应该影响到我，但是我也常常很难避免被歧视。我还会想到，肥胖带来的歧视会影响我的情绪，我的社交生活，我的日常活动。我要找一个朋友一起去健身房或者去游泳，他建议我挑选专门给肥胖人群预留的时段去锻炼。因此我立刻联系了一位健康咨询师来帮我。最后一件事：我们不仅能在体育馆进行身体活动，而且完全可以在日常生活中，在他人忙于自己的事情无暇注意到我们的时候进行锻炼。如果你为自己锻炼时被他人注视而感到尴尬，那么将注意力集中到你自己和你的目标上。如果你真的对于接触别人的目光感到不舒服，那么就优先选择日常生活中能做的身体活动，这样就没有人会注意到你在做的事了。

糟糕借口 8：我已经很苗条了。

实际情况：身体活动带给我们的好处远比简单的控制体重重要得多。

总的来说，身材苗条意味着身体比较健康。但是锻炼的好处不仅如此。就像我们在这本书中多次提到的一样，体育锻炼可以改善我们的身体健康和心理健康，提高幸福感，并延长我们的预期寿命。如果你不需要减重，那么请记住，身体活动还对健康有许多其他好处。

糟糕借口 9：我年龄太大了，想改变太晚了。

实际情况：身体健康与年龄无关。

你的年龄可能让你感觉到改变无望，尤其是如果你心里从来没有想过做运动，这会促使你保持懒惰的状态。然而好消息是，想要变得活跃永远不晚。就算你晚一些开始锻炼，得到的益处和那些一直都在锻炼的人是一样的。这有点像你的邻居工作多年攒钱退休，而你虽然没攒钱但像中了彩票一样。所以不要错过这个机会：下一个大奖获得者会轮到谁呢？如果你认为自己年龄太大而不能变得活跃，那么请记住从锻炼中受益变得健康是不分年龄的。

糟糕借口 10：锻炼是一件无聊的事。

实际情况：你可能并没有仔细探寻其中的乐趣。

即使有些身体活动在你看来是很无聊的，但我也很难相信在众多体育活动中没有一项适合你。就拿户外运动来说吧，你可以和你的朋友、配偶或者孩子爬爬山或者去海边。你喜欢跳舞吗？喜欢打高尔夫吗？你擅长园艺吗？下班后走一走，在工作和家庭之间稍微休息一下，你不喜欢吗？试着去找到对你有益的适合自己的身体活动，一定会有这么一种的。如果你认为身体活动很无聊，那么记得一定要花时间找一项适合你的运动。动起来，去寻找属于你的快乐吧！

结 语

难道我们生来注定是懒惰的吗？如果答案必须要用一个词来回答，那就是并非如此。在这里，我们会不厌其烦地向你详细说明其中的原因。

在进化过程中，我们的身体逐渐适应了耐力活动，这种超凡的身体耐力增加了我们祖先生存和繁衍的概率。身体活动是我们自身运动机能发展、认知发展、情感发展和社交能力发展的基石。让我们想想我们的孩子星期六早晨在公园里快乐玩耍的场景，他们又跑又跳，爬上爬下，摔倒了然后互相帮助再爬起来，并从中汲取教训。他们不但会思考而且也会尝试怎样才能攀爬到网状金字塔的顶端。对于成年人来说，身体活动就像抵御疾病的城墙，能够减少过早死亡的风险。所以，运动对我们的身体发育和健康都是不可或缺的，人类也正是朝着这个方向进化的。但是，假如活跃是我们的天性，为什么我们中的一大部分人即使有运动的想法，也还是做不到呢？

也许是因为人类天生就是要活跃的这种观点只是故事的一半吧。通过自然选择生存下来的，是那些既能进行大量身体活动，又能一有机会就减少能耗的生物。我们不仅继承了超乎寻常的耐力，也继承了最经济的行动方式，也就是说用最小的成本达到想要的目标。本书中考古学、基因学、行为学的证据，以及对大脑的研究都指出了这一点：我们是无与伦比的能耗优化师。我们完成的所有动作，都是以最少的能耗方式进行的。我们的孩子避免无用功的倾向也很可能是因为继承了这一点。所以，我们不是注定懒惰，而是注定要高效。

不过，这种省力法则虽然增加了我们祖先生存和繁衍的机会，但在我们的现代工业社会中却成了一个问题，让我们从早到晚都有机会懒惰。然而，公共政策发挥宣传作用，我们也呼吁尽快重建发展体育运动的氛围，我们其实已经拥有了对抗懒惰的必要资源。在进化过程中，作为恩赐，我们获得了一种特别有效的抵制久坐冲动的工具：前额叶皮层。多亏了这个工具，我们能够有意识地改变行为，抵制久坐的诱惑。因此，通过使用进化留给我们的这一遗产，我们能够重新控制自己的行为，在一天之中选择变得活跃。最后，为了帮助我们赢得前额叶皮层与诱惑我们的沙发二者之间的斗争，我们还可以依靠另一个重要的盟友：愉悦感。所以，把那句著名的“没有痛苦，就没有收获”扔进垃圾桶吧，确保你在进行身体活动时是快乐的。在寻找活跃生活方式的路上，前额叶皮层和快乐将会是你最忠诚的两位盟友。最重要的是，要记住，每一步都很重要。

所以现在……换上你的运动鞋吧！

新出图证（鄂）字 03 号
图书在版编目（CIP）数据

懒惰脑科学 /（法）鲍里斯·薛瓦勒，（法）马修·博伊斯冈蒂埃著；付盂含译. -- 武汉：长江文艺出版社，2021.11
ISBN 978-7-5702-2396-1

Ⅰ. ①懒… Ⅱ. ①鲍… ②马… ③付… Ⅲ. ①心理学-通俗读物
Ⅳ. ①B84-49

中国版本图书馆 CIP 数据核字（2021）第198159号

著作权合同登记号 图字：01-2021-181

Le syndrome du paresseux. Petit précis pour combattre notre inactivité physique
by Boris Cheval & Matthieu Boisgontier

Illustrations by Rachid Maraï
Simplified Chinese language translation rights arranged through Divas International, Paris
巴黎迪法国际版权代理 (www.divas-books.com)

责任编辑：栾　喜　　责任校对：刘文平
封面设计：水玉银文化　　责任印制：张　涛

出版：长江出版传媒 | 长江文艺出版社
地址：武汉市雄楚大街 268 号　　邮编：430070
发行：长江文艺出版社
北京时代华语国际传媒股份有限公司　（电话：010-83670231）
http：//www.cjlap.com
印刷：三河市宏图印务有限公司

开本：880毫米 × 1230 毫米　1/32　　印张：6
版次：2021 年11月第1版　　2021 年11月第1次印刷
字数：230千字

定价：45.00 元